Nouvelle Collection scientifique
Directeur : Émile Borel

Les Protéines

PAR

JACQUES LŒB

Membre de l'Institut Rockefeller
pour les Recherches Médicales.

TRADUIT DE L'ANGLAIS PAR H. MOUTON

LIBRAIRIE FÉLIX ALCAN

LES
PROTÉINES

LES
PROTÉINES

PAR

Jacques LŒB

Membre de l'Institut Rockefeller
pour les Recherches Médicales.

Traduit de l'Anglais par H. MOUTON

———

Avec 52 figures

LIBRAIRIE FÉLIX ALCAN

108, BOULEVARD SAINT-GERMAIN, 108

—

1924

PRÉFACE

DE L'ÉDITION FRANÇAISE

L'édition française contient quatre chapitres de plus que l'édition anglaise, et beaucoup de résultats nouveaux ont été introduits dans le reste du texte. Les conclusions théoriques énoncées dans l'édition anglaise ont été appuyées par de nouvelles preuves.

Pour la commodité du lecteur, nous avons divisé notre ouvrage en deux volumes formant chacun un tout indépendant. Le premier est consacré aux propriétés stœchiométriques et colloïdales des protéines et le second à la théorie des propriétés colloïdales.

C'est un grand plaisir pour nous de savoir désormais ce livre accessible aux travailleurs français et j'en exprime mes remerciements au professeur Mouton, mon traducteur.

JACQUES LOEB.

Institut Rockefeller pour les recherches médicales.

New-York, 26 octobre 1922.

⇒ I ⇐

PRÉFACE

DE L'ÉDITION ANGLAISE

La chimie des colloïdes s'est développée en partant de l'hypothèse que le dernier élément des solutions colloïdales était, non pas la molécule isolée ou l'ion, mais un agrégat de molécules ou d'ions que l'on a nommé micelle d'après Naegeli. Il paraissait improbable que des agrégats ainsi formés pussent se combiner en proportions stœchiométriques[1] aux acides, aux alcalis et aux sels. Aussi s'arrêta-t-on à la conception que les électrolytes étaient adsorbés à la surface des particules colloïdales suivant une formule purement empirique, la formule d'adsorption de Freundlich.

Les recherches de l'auteur l'ont conduit à montrer que cette dernière conclusion est le résultat d'une erreur de méthode, au moins en ce qui concerne les protéines. On a négligé

---

[1]. L'auteur dit que des corps se combinent en proportions stœchiométriques lorsque leur combinaison est régie par la loi des proportions définies. Nous emploierons de préférence cette dernière expression plus conforme au langage généralement adopté dans les ouvrages français (Note du traducteur).

de mesurer dans les solutions de protéines, la concentration en ions hydrogène qui se trouve être dans l'espèce une des variables importantes. Quand on mesure de façon convenable cette concentration et qu'on en tient compte, on trouve que les protéines se combinent aux acides et aux alcalis suivant les lois stœchiométriques de la chimie classique, et que la chimie des protéines ne diffère pas de celle des cristalloïdes. Tant que les chimistes continueront à croire à l'existence d'une chimie spéciale des colloïdes différente de celle des cristalloïdes, il sera impossible d'expliquer les propriétés physiques des colloïdes en général et des protéines en particulier. Cet état des choses se reflète dans les remarques qui terminent l'intéressant livre que Burton a publié en 1920 sur les propriétés physiques des solutions colloïdales.

« Nous pouvons donc conclure, avec les paroles même dont s'est servi un initiateur dans ces travaux, Zsigmondy, en terminant son premier exposé des travaux anciens sur les solutions colloïdales :

« De ce qui précède on ne peut tirer une théorie générale des colloïdes, parce que l'étude des colloïdes est devenue une science large et étendue au développement de laquelle il est nécessaire que beaucoup d'hommes travaillent encore. Il faut qu'un volumineux matériel soit obtenu par un grand nombre de recherches physico-chimiques et se prête à un classement bien ordonné pour que la théorie des solutions colloïdales puisse s'élever de ce qui n'est guère qu'un examen des similitudes de différents cas particuliers à la constitution d'une science exacte. »

Le professeur F.-G. Donnan de l'Université de Londres, a fait connaître en 1910 une théorie ingénieuse des équilibres qui s'établissent entre deux solutions d'électrolytes séparées par une membrane perméable à toutes les substances présentes, à l'exception d'un seul ion. Procter et Wilson ont appliqué avec succès cette théorie à l'explication de l'influence des électrolytes sur le gonflement de la gélatine. On verra dans cet ouvrage que la théorie des équilibres de membrane de Donnan explique quantitativement et mathématiquement, non seulement le gonflement, mais en général les propriétés colloïdales des solutions de protéines, en particulier leur charge électrique, leur pression osmotique, leur viscosité et la stabilité de leurs suspensions. On n'aurait pu appliquer à ces phénomènes la théorie de Donnan, si l'on n'avait eu la preuve que les protéines forment avec les acides et les alcalis de véritables sels ionisables en proportions chimiquement définies. Ce qu'on avait pensé tout d'abord constituer un nouveau type de chimie, la chimie des colloïdes, ayant des lois différentes de celles de la chimie générale, semble maintenant ne dépendre que d'un état d'équilibre tel que ceux de la chimie classique, mais méconnu ; ceci, au moins, en ce qui concerne les protéines. Cela ne diminue en rien l'importance des propriétés colloïdales pour les problèmes physiologiques et techniques, mais cela modifie complètement la manière de traiter théoriquement ce qui les concerne.

Toute théorie rivale qui se proposera de remplacer la théorie de Donnan, devra être capable de faire au moins autant qu'elle, c'est-à-dire, devra donner une explication quantitative, mathématique et rationnelle des courbes qui expriment l'influence de la concentration en ions hydrogène, de la valence des ions, et de la concentration des électrolytes sur les propriétés colloïdales. Elle devra expliquer ces courbes, non pas seulement pour une seule des propriétés, mais pour toutes à la fois : charge électrique, pression osmotique, gonflement, viscosité et stabilité des solutions, car toutes ces propriétés sont influencées de la même manière par les électrolytes. Le texte de cet ouvrage est divisé en deux parties : l'une contient la preuve que les combinaisons des protéines se font suivant des proportions définies, l'autre développe une théorie mathématique et quantitative des propriétés colloïdales en s'appuyant sur la théorie des équilibres de membrane de Donnan.

La théorie des propriétés colloïdales, telle qu'elle est exposée dans cet ouvrage ne peut être considérée que comme une première approximation. Il y a lieu d'y introduire des méthodes d'expérimentation plus précises, d'y tenir compte de nombre de petits écarts et d'y réaliser de nombreuses additions. Il a paru toutefois opportun de publier cet ouvrage parce que les faits expérimentaux se sont accumulés si rapidement qu'il serait difficile à chacun d'en suivre les idées maîtresses si elles n'étaient présentées plus systématiquement et de manière plus condensée que dans les publications originales. Il a aussi paru opportun d'éviter dans cet ouvrage l'exposition des applications possibles de cette nouvelle théorie aux problèmes physiques et techniques.

L'auteur désire exprimer ici ses remerciements à ses assistants techniques : M. Kunitz et N. Wuest, pour l'habileté et le soin avec lesquels ils ont effectué les mesures requises par la partie expérimentale du travail.

L'auteur adresse aussi ses remerciements

au Dr John H. Northrop, au Dr D.-I. Hitchcock, et au Dr Anne Léonard Loeb, qui ont lu tout ou partie du manuscrit et suggéré des idées intéressantes, ainsi qu'au Dr J.-A. Wilson qui a lu et examiné fort aimablement la première partie du chapitre relatif au gonflement et suggéré à l'auteur la démonstration mathématique qui se trouve à la page 143 de ce livre[1].

L'auteur est également reconnaissant à Miss N. Kobelt pour la lecture et l'élaboration de l'index.

JACQUES LOEB.

Institut Rockefeller pour les recherches médicales

New-York, mars 1922.

[1]. La page correspondante de l'édition française se trouve dans le livre relatif aux « propriétés colloïdales » (Note du traducteur).

LES PROTÉINES

CHAPITRE PREMIER
INTRODUCTION HISTORIQUE

I. — Prétendue différence entre la chimie des colloïdes et celle des cristalloïdes

La distinction entre cristalloïdes et colloïdes fut faite par Graham en 1861, les cristalloïdes étant caractérisés par leur tendance à former des cristaux quand ils se séparent de leur solution aqueuse, et les colloïdes par leur tendance à se séparer sous forme de masses « gélatineuses » (ou amorphes). Graham montra que ces deux groupes de substances différaient encore entre elles à deux points de vue : d'abord en ce qui concerne leur *vitesse de diffusion,* et en second lieu par leur état particulier d'*agrégation physique.* Les cristalloïdes diffusent facilement à travers des membranes de diverses espèces (telles que la vessie de porc ou le papier parchemin), au travers desquelles les colloïdes ne diffusent pas du tout ou seulement avec une grande lenteur. La seconde particularité des colloïdes est leur tendance à former des agrégats dans leurs solutions, propriété qui manque ou est très peu développée chez les cristalloïdes. Une brève citation d'un mémoire de Graham illustrera ces difinitions :

« Parmi ces dernières (c'est-à-dire les substances peu diffusibles), on rencontre l'acide silicique hydraté, l'alumine hydratée et d'autres peroxydes métalliques du groupe de l'alumine, lorsqu'ils existent à l'état soluble, et aussi l'amidon, la dextrine et les gommes, le caramel, le tannin, l'albumine, la gélatine et des matières extractives végétales ou animales. Une faible diffusion n'est pas la seule propriété que possèdent en commun les corps que l'on vient d'énumérer. Ils se font remarquer par le caractère gélatineux de leurs hydrates. Bien que souvent ils soient très solubles dans l'eau, ils ne sont maintenus en solution que par une force très minime. Ils paraissent singulièrement inertes en tant qu'acides ou bases et dans toutes les relations chimiques ordinaires[1]. Mais, d'autre part, leur état particulier d'agrégation physique et l'indifférence chimique qui lui est liée, paraissent être nécessaires aux substances qui peuvent intervenir dans les phénomènes organiques de la vie. Les éléments plastiques du corps animal appartiennent à ce groupe. Comme la gélatine paraît en être le type, on propose de désigner les substances de ce groupe du nom de *colloïdes* et d'appeler cette forme particulière d'agrégation *l'état colloïdal de la matière*. A l'état colloïdal s'opposera l'état cristallin, et les substances qui seront dans ce dernier état seront appelées *cristalloïdes*. La distinction faite ici est sans

---

1. Ceci n'est pas exact comme nous le verrons.

aucun doute liée à la constitution moléculaire intime [1]».

Il est donc visible qu'il y a, d'après Graham, au moins deux différences essentielles entre les colloïdes et les cristalloïdes : l'une est relative à la diffusion à travers les membranes et l'autre à la tendance à former des agrégats dans les solutions. Nous verrons dans notre volume sur la théorie des propriétés colloïdalles que les caractéristiques principales de l'état colloïdal peuvent être expliquées mathématiquement par les différences dans la diffusion des colloïdes et des cristalloïdes ; la tendance des molécules de certaines protéines à former des agrégats ne joue qu'un rôle secondaire.

Dans la chimie moderne des colloïdes, on a cependant l'habitude de considérer la tendance des colloïdes à former des agrégats comme leur propriété fondamentale, pour la raison que la précipitation des colloïdes a été le sujet principal des recherches et des exposés sur la chimie des colloïdes et que la précipitation est naturellement due à la formation d'agrégats. L'état colloïdal est défini par les chimistes comme l'état de la matière dans lequel les derniers éléments existants dans les solutions ne sont pas des molécules ou des ions isolés, mais des agrégats de molécules pour lesquels Naegeli a créé le nom de micelles (petites miettes). Ainsi Zsigmondy dit que :

« Les constituants essentiels et caractéristiques des solutions colloïdales sont de très

---

1. Graham (T.), *Phil. Trans.*, pp. 183-224, 1861, réimprimé dans *Chemical and Physical Researches*, p. 553, Édimbourg, 1876.

petites particules ultra-microscopiques dont les
dimensions sont intermédiaires entre celles des
molécules et les dimensions microscopiques...
Ces particules ultra-microscopiques (ultra-mi-
crons) ont le même rôle dans les solutions colloïdales que les molécules isolées dans les solutions
cristalloïdes[1]. »

L'idée que les derniers éléments de la solution
colloïdale ne sont pas la molécule ou l'ion du
corps dissous, mais un agrégat, a conduit les
chimistes qui s'occupent des colloïdes à proposer
un type nouveau de chimie dans lequel les lois de
la chimie classique sont remplacées par des lois
particulières à la chimie colloïdale. Il leur a
paru improbable que la loi des proportions définies de la chimie classique pût être valable pour
les solutions colloïdales dont les derniers éléments seraient de gros agrégats de molécules, car
ils pensaient que la surface seule de ces agrégats pouvait réagir avec d'autres substances.
La loi des proportions définies applicable à la
chimie classique sera donc pour cette raison
remplacée dans la chimie colloïdale par une
formule empirique qu'on appelle formule d'adsorption de Freundlich, formule qui est supposée
tenir compte de l'action des surfaces[2]. Des
recherches récentes de Langmuir[3] ont donné la
preuve que la formule d'adsorption de Freundlich n'est pas valable pour la réaction des gaz
avec le mica, le verre ou le platine à surface
polie, et Langmuir a pu montrer que les forces

1. Zsigmondy (R.), « Kolloidchemie », 2ᵉ éd., Leipzig, 1918.
2. Freundlich (H.), « Kapillarchemie » Leipzig, 1909.
3. Langmuir (I.), *J. Am. Chem. Soc.*, t. XL, p. 1361, 1918.

agissant dans ces conditions sont de nature purement chimique, des forces de valence primaire ou secondaire. Comme la plupart des formules empiriques, la formule d'adsorption peut s'appliquer dans un domaine limité d'observations, mais ne peut s'étendre au domaine complet des variations possibles et Langmuir le vérifie en essayant d'appliquer la formule d'adsorption à ses expériences.

John A. Wilson et Wynnaretta H. Wilson[1] ont apporté une fort importante contribution à la question de l'application de la formule d'adsorption aux problèmes relatifs aux colloïdes. Ils ont été conduits, eux aussi, à rejeter la formule d'adsorption et à adopter une interprétation purement chimique. Leur exposé prend pour base les expériences de Procter et Wilson sur la gélatine, et les faits qui seront mentionnés dans ce livre corroborent tout à fait leur attitude sceptique par rapport à la formule d'adsorption. T.-B. Robertson[2] et E.-A. Fischer[3] ont aussi exprimé des doutes sur la validité de la formule d'adsorption.

Même si nous admettons que les solutions de protéines ne contiennent pas de molécules ou d'ions de protéine libre (ce qui est en contradiction avec les expériences sur les potentiels de membrane et sur la pression osmotique qu'on trouvera dans le volume sur la théorie des pro-

---

1. Wilson (J.-A.) et Wilson (W.-H.), *J. Am. Chem. Soc.*, t. XL, p. 886, 1918.

2. Robertson (T.-B), « The Physical Chemistry of the Proteins », New-York, London, Bombay, Calcutta et Madras, 1918.

3. Fischer (E.-A.), *Trans. Faraday. Soc.*, t. XVII, 2ᵉ part., p. 305 ; 1922.

priétés colloïdales), on ne serait pas fatalement conduit à l'idée que les réactions chimiques ne se produisent qu'à la surface des micelles, pour la simple raison que les gels colloïdaux de protéines (par exemple de gélatine) sont aisément perméables aux acides, aux alcalis, aux sels et aux cristalloïdes en général. Les réactions chimiques ne sont donc pas limitées à la surface des micelles de protéine.

Bien qu'un certain nombre d'auteurs parmi lesquels nous citerons seulement Bugarsky et Liebermann [1], Osborne [2], Robertson [3], Pauli [4], aient admis que les réactions des protéines sont purement chimiques, cette hypothèse n'a pu être définitivement confirmée que lorsque les méthodes modernes de mesure des concentrations d'ions H dans les solutions de protéines eurent été développées par Friedenthal, Sörensen [5], Michaelis [6], Clark [7], et leurs collaborateurs. Au moyen de ces méthodes, on a pu facilement montrer que la loi des proportions définies régit les combinaisons des protéines avec les acides et les alcalis.

1. Bugarsky (S.) et Liebermann (L.), *Arch. ges. Physiol.*, t. LXXII, p. 51, 1898.

2. Osborne (T.-B.), Die Pflanzenproteine : *Ergeb. Physiol.*, t. X, p. 47, 1910.

3. Robertson (T.-B.), « The Physical Chemistry of the Proteins », New-York, London, Bombay, Calcutta et Madras, 1918.

4. Pauli (W.), *Fortschr. naturwiss. Forschung.*, t. IV, p. 223. 1912. « Kolloïdchemie der Eiweisskörper »; Dresde et Leipzig, 1920,

5. Sörensen (S.-P.-L.), Voir la Bibliographie donnée par W.-M. Clark, « The Determination of the Hydrogen Ions », Baltimore, 1920.

6. Michaelis (L.), « Die Wasserstoffionenkonzentration », Berlin, 1914.

7. Clark (W.-M.), « The Determination of Hydrogen Ions », Baltimore, 1920.

Il a été ainsi prouvé[1] que la gélatine ne se combine avec les acides que lorsque la concentration en ions H de la solution est au-dessus d'un certain point critique, c'est-à-dire supérieure à $n/50.000$ (pH $< 4,7$). Aux concentrations d'ions H supérieures à $n/50.000$, H^3PO^4 se dissocie comme un acide monobasique. Par suite, si la gélatine se combine en proportions définies avec les acides, elle doit exiger trois fois autant de centimètres cubes de H^3PO^4 $0,1\,n$ que de centimètres cubes de HCl ou de HNO^3 $0,1\,n$ pour porter un gramme de gélatine en solution dans 100 centimètres cubes à une concentration d'ions H de $n/50.000$ à $n/1.000$ par exemple. L'acide fort H^2SO^4 se dissocie, lui, dans cette zone de concentration d'ions H, comme un acide bibasique, et par suite, il faut autant de centimètres cubes de H^2SO^4 $0,1\,n$ que de HCl $0,1\,n$ pour porter la même solution de gélatine à 1 p. 100 de la concentration d'ions H $n/50.000$ à $n/1.000$. Les expériences de titrage ont montré la justesse de ces conclusions et d'autres semblables, non seulement dans le cas de la gélatine, mais encore dans celui d'autres protéines, en particulier de l'ovalbumine cristallisée, de la caséine, de l'édestine et de la sérumglobuline et ceci ne laisse aucun doute que les protéines se combinent avec les acides et les alcalis d'après la loi des proportions définies de la chimie générale[2].

Ce n'est que par un malheureux accident historique que les propriétés colloïdales des pro-

1. Loeb (J.), *J. Gen. Physiol.*, t. III, p. 85, 1920-21. *Science* t. LII, p. 449 ; 1920. *J. Chim. physique*, t. XVIII, p. 283, 1920.

2. Loeb (J.), *J. Gen. Physiol.*, t. III, pp. 85 et 547, 1920-21. — Hitchcook (D.-I.), *J. Gen. Physiol.,* t. IV, pp. 597 et 733, 1921-22 t. V, p. 35, 1922-23.

téines ont été étudiées avant qu'aient été établies des méthodes propres à la mesure des concentrations d'ions H ; sans cela nous n'eussions probablement jamais entendu formuler l'idée que la chimie des colloïdes diffère de celle des cristalloïdes, au moins en ce qui concerne les protéines. En négligeant de mesurer dans les solutions et dans les gels colloïdaux la concentration des ions H, on commit une erreur de méthode qui empêcha le développement d'une théorie exacte des propriétés colloïdales, et qui donna naissance à l'opinion si pessimiste de Zsigmondy citée dans la préface.

La raison pour laquelle les mesures de concentration d'ions H sont capitales pour l'intelligence des propriétés chimiques et physiques des protéines, tient dans le fait que les protéines sont des électrolytes amphotères capables de former des sels ionisables aussi bien avec les acides qu'avec les alcalis selon la concentration des ions H. Quand cette concentration dépasse une certaine valeur critique (variable avec les différentes protéines), la protéine se comporte comme une base telle que l'ammoniaque, capable de former des sels avec les acides ; lorsqu'au contraire la concentration des ions H dans la solution est au-dessous de cette valeur critique, la protéine se comporte comme un acide gras, l'acide acétique par exemple, capable de former des sels avec les bases. Pour la valeur critique de la concentration des ions H, la protéine ne peut pratiquement se combiner, ni aux acides, ni aux alcalis, ni aux sels neutres [1]. Cette con-

1. Loeb (J.), *J. Gen. Physiol.*, t. I, pp. 39, 237, 1918-19. *Science*, t. LII, p. 449, 1920. *J. Chim. Physique*, t. XVIII, p. 283, 1920.

centration critique des ions H a reçu le nom de *point isoélectrique de la protéine*. Nous verrons encore que la fraction de un gramme de protéine comptée à l'état isoélectrique et mise en solution dans 100 centimètres cubes qui est capable de se combiner avec un acide ou un alcali est aussi une fonction définie de la concentration des ions H.

II. — Point isoélectrique des protéines

La conception du point *isoélectrique* des protéines s'est introduite avant que le sens chimique en eût été reconnu, et elle a attiré l'attention en raison de son rapport avec la précipitation des colloïdes, phénomène sur lequel s'était fixé l'intérêt d'un grand nombre de chercheurs. La conception du point isoélectrique des protéines, qui est due à W.-B. Hardy[1] doit être considérée comme le point de départ de la chimie physique des protéines. Hardy a remarqué en 1899 que le blanc d'œuf dilué de huit ou neuf fois son volume d'eau distillée, puis filtré et chauffé à l'ébullition, se meut, quand on le porte dans un champ électrique, dans des directions opposées suivant que la réaction du liquide est acide ou alcaline. Quand le liquide a une réaction alcaline, les particules vont, dans un champ électrique, de la cathode vers l'anode. Quand le liquide est acide, la direction de leur mouvement est inverse et va de l'anode vers la cathode. Quand le liquide est neutre, le mouvement des particules sous l'in-

1. Hardy (W.-B.), *Proc. Roy. Soc.*, t. LXVI, p. 110, 1900.

fluence du champ est si faible qu'il est difficile à
mettre en évidence.

« J'ai vu que la protéine modifiée par la cha-
leur présente ce phénomène remarquable que la
direction de son mouvement (dans un champ
électrique) est déterminée par la réaction acide
ou alcaline du liquide dans lequel elle est en
suspension ; une trace non mesurable d'alcali
libre détermine un mouvement des particules de
protéine en sens inverse du courant, tandis que
la présence d'une trace aussi petite d'acide libre
les fait mouvoir dans le sens du courant. Dans
le premier cas, les particules sont donc électro-
négatives et dans le second électro-positives. De
ce qu'on peut prendre un hydrosol dont les particules sont électro-négatives, diminuer cette propriété par addition d'acide libre, et finalement
les rendre électro-positives, il résulte clairement
qu'il y a un point où les particules et le liquide
qui les baigne sont isoélectriques. »

« Le point isoélectrique se trouve être très
important. A mesure qu'on s'en approche, la stabilité de l'hydrosol diminue, jusqu'à ce qu'elle
s'évanouisse en ce point où se produit la coagulation ou la précipitation, suivant que la concentration de la protéine est forte, ou faible, et cela,
que le point isoélectrique ait été atteint lentement ou rapidement, avec ou sans agitation mécanique.. »

Dans une note préliminaire[1] à son travail sur
les globulines, publiée en 1903, Hardy a donné
de l'influence des ions H et OH sur la direction
de migration des particules des protéines dans

---

1. Hardy (W.-B.), *J. Physiol.*, t. XXIX, p. 29, 1903.

un champ électrique. une interprétation qui devait jouer un rôle important dans la chimie des colloïdes. Elle a, en effet, suggéré ensuite aux chercheurs que les ions H et OH exercent leur influence sur la charge électrique des particules de protéine par un processus d'adsorption élective.

« Les propriétés des globulines en solution paraissent justifier l'opinion suivante : *elles ne sont pas soumises à la règle des proportions définies et multiples. Elles ne dépendent donc des forces purement chimiques que d'une manière accessoire*. Un précipité de globuline doit être conçu comme formé, non d'agrégats de molécules, mais de particules de gel. J'ai montré ailleurs que la gélification et la précipitation des solutions colloïdales sont des processus continus. Les particules de gel qui sont suspendues dans un liquide contenant des ions, sont pénétrées par ces ions ; acceptons cette hypothèse fondamentale que plus grande sera la vitesse spécifique d'un ion, plus il sera rapidement englobé dans la particule colloïdale. Ainsi les ions H et OH, dont la vitesse spécifique est de beaucoup la plus grande, fournissent à la particule colloïdale en milieu acide un excès d'ions H englobés par elle, d'où sa charge positive, et en milieu alcalin un excès d'ions OH, d'où sa charge négative. Ces charges diminueront l'énergie superficielle de la particule et amèneront par suite des modifications de sa taille moyenne. »

Perrin[1] adopta l'idée que les ions H et OH

1. Perrin (J.), *J. Chim. physique*, t. II, p. 601, 1904 : t. III, p. 50, 1905. Notice sur les titres et travaux scientifiques de M. Jean Perrin, Paris, 1918.

confèrent leur charge électrique aux particules colloïdales en raison de leur vitesse relativement grande de déplacement qui les fait adsorber rapidement par ces particules colloïdales. L'hypothèse d'une adsorption élective des ions H et OH par les particules colloïdales a donc joué un grand rôle dans la chimie des colloïdes.

En 1904, l'auteur de cet ouvrage a proposé, au lieu de cette conception colloïdale, une conception purement chimique de la signification du point isoélectrique, et de la cause de l'influence des acides et des alcalis sur la direction du mouvement des particules colloïdales[1].

« Il paraît toutefois à l'auteur qu'il est possible d'admettre une conception différente de ces phénomènes qui les mettrait en harmonie avec les conceptions relatives à l'origine électrolytique des charges colloïdales. Les protéines sont, comme on le sait, de réaction amphotère. Si elles sont faiblement dissociées, elles peuvent mettre en solution des ions H aussi bien que des ions OH. Si les particules émettent dans la solution plus d'ions H que d'ions OH, elles possèdent une charge négative, tandis qu'elles ont une charge positive si elles émettent plus d'ions OH que d'ions H. Si l'on ajoute à leur solution de l'acide en concentration suffisante, les particules colloïdales amphotères émettront plus d'ions OH dans la solution que d'ions H et prendront par suite une charge positive. L'inverse se produira en solution alcaline ; ceci est d'accord avec l'idée que les sels neutres sont sans influence sur le signe

---

1. Loeb (J.), *Univ. of Calif. Publications in Physiology*, t. I, p. 149, 1904.

de la charge électrique des globulines comme Hardy l'a montré. »

Dans son célèbre mémoire sur les « solutions colloïdales » publié en 1905, Hardy [1] abandonne la conception physique qu'il avait développée en 1903 et adopte « un point de vue franchement chimique ».

« La globuline est donc une substance amphotère et sa fonction acide est beaucoup plus forte que sa fonction basique. En tant qu'acide, elle est assez forte pour donner des sels avec des bases aussi faibles que l'aniline, le glycocolle et l'urée. En tant que base, elle donne avec les acides faibles, comme l'acide acétique ou l'acide borique, des sels très instables en présence de l'eau. »

Tandis que Hardy accepte l'idée d'une origine électrolytique des charges des protéines, il ne semble pas disposé à admettre que les réactions des protéines avec les acides et les alcalis soient régies par les lois chimiques ordinaires comme l'indiquent les citations suivantes :

« Bien qu'on puisse dire que les particules colloïdales sont de nature ionique, elles sont nettement distinctes des ions véritables du fait qu'elles ne sont pas du même ordre de grandeur que les molécules du solvant. La charge électrique qu'elles portent n'est pas un multiple défini d'une quantité donnée, on ne peut leur attribuer une valence, et leurs relations électriques sont celles qui régissent les phénomènes d'endosmose électrique. A de telles masses ioni-

---

1. Hardy (W.-B.), *J. Physiol.*, t. XXXIII, p. 251, 1905-1906. Voir aussi Hardy (W.-B.), *Proc. Roy. Soc.*, t. LXXIX, p. 413, 1907.

ques je donnerai le nom de *pseudo-ions*, et
je propose de traiter les solutions de globuline
du point de vue de l'hypothèse des *pseudo-
ions*[1]. »

Et, en 1910, Wood et Hardy[2] expriment l'idée
que les protéines « réagissent avec les acides et
les alcalis pour former des sels, mais que leurs
réactions ne sont pas précises, en raison de la
formation d'un nombre indéfini de sels de la
forme $(B)^n BHA$, pour lesquels la valeur de n
est déterminée par les conditions de température,
de concentration, et aussi par l'inertie due à
l'électrisation des surfaces internes dans la solution ».

Il y a dans la conception de Hardy trois éléments différents qu'il convient de séparer. Tout
d'abord, l'idée que les protéines peuvent former
des sels avec les acides et les alcalis est juste
sans aucun doute. En second lieu, Hardy pense
que les réactions entre protéines d'une part et
acide ou alcali de l'autre ne se font point suivant
des proportions définies ; cette idée ne peut plus
être soutenue. Enfin, pour cet auteur, les derniers
éléments d'une protéine en solution ne sont pas
des molécules isolées, mais des agrégats de plus
grande dimension qui sont maintenus en suspension par leur charge électrique. Nous aurons à
discuter cette dernière idée dans le paragraphe
suivant.

Quand les méthodes de mesure de la concentration des ions H eurent été élaborées par

1. Hardy (W.-B.), *J. Physiol.*, t. XXXIII, pp. 256-257, 1905-1906.

2. Wood (T. B.), et Hardy (W.-B.), *Proc. Roy. Soc.*, t. LXXXI, p. 38, 1909.

H. Friedenthal et par Sörensen, il devint possible de déterminer le point isoélectrique des protéines naturelles. Cela fut fait dans un grand nombre de cas en 1910 par Michaelis et ses collaborateurs. Michaëlis employa la même méthode de migration des particules dans un champ électrique dont s'était servi Hardy dans ses expériences sur les particules de protéine dénaturée. Le point isoélectrique est, d'après Michaelis, la concentration d'ions H pour laquelle les particules ne vont ni vers l'anode, ni vers la cathode. Les nombres suivants donnent les concentrations d'ions H qui définissent le point isoélectrique des différentes protéines, d'après les déterminations de Michaelis [1].

Sérumalbumine naturelle.	$2 \ . 10^{-5} n$
Sérumglobuline naturelle	$4 \ . 10^{-6} n$
Oxyhémoglobine	$1,8 . 10^{-7} n$
Gélatine	$2 \ . 10^{-5} n$
Caséine.	$2 \ . 10^{-5} n$

D'après Sörensen le point isoélectrique de l'ovalbumine cristallisée est voisin de celui de la sérumalbumine (c'est-à-dire de pH = 4,8) [2].

Nous représenterons dans cet ouvrage la concentration des ions H par le symbole logarithmique de Sörensen, pH, la concentration $2.10^{-5} n = 10^{-4,7} n$ étant généralement représentée par pH = 4,7 avec omission du signe moins.

Si nous admettons que les éléments ultimes d'une solution de protéine sont, en règle géné

---

1. Michaelis (L.), « *Die Wasserstoffionenkonzentration* », p. 54 et suivantes, Berlin 1914.

2. Sörensen (S.-P.-L.), Studies on proteins : *Compt. rend. trav. Lab. Carlsberg*, t. XII, Copenhague, 1915-1917.

rale, des molécules ou des ions isolés de protéine qui réagissent normalement avec les acides et les alcalis en formant des protéinates métalliques ou des sels acides de protéine fortement dissociables, nous pouvons définir le point isoélectrique d'une protéine comme la concentration en ions H pour laquelle la protéine existe pratiquement à l'état non ionogénique (ou non ionisée), parce qu'elle ne peut alors former pratiquement ni protéinate métallique, ni sel acide de protéine. Nous verrons que ce résultat théorique conduit à une méthode pratique simple de préparation de protéines entièrement ou pratiquement débarrassées d'impuretés ionogéniques.

III. — Suspensions colloïdales et solutions cristalloïdes

C'est Graham qui posa la distinction entre substances colloïdes et cristalloïdes. Mais on a reconnu plus tard qu'une seule et même substance, telle que NaCl peut être en solution, soit à l'état cristalloïde, soit à l'état de colloïde. On a alors proposé, non plus d'établir une distinction entre les *substances* colloïdes et cristalloïdes, mais de distinguer un *état de la matière* colloïdal et un autre cristalloïde. Les raisons en sont résumées dans la citation suivante empruntée à Burton :

« Les travaux modernes ont montré qu'il est incorrect de considérer les substances colloïdales comme formant une classe particulière. Krafft a observé que les sels alcalins d'acide gras élevés (stéarate, palmitate, oléate) se dissolvent dans l'alcool à l'état cristalloïde avec des poids moléculaires normaux, tandis que dans l'eau ils sont de véritables colloïdes ; c'est l'inverse qui se produit avec le chlorure de sodium. Paal a montré que ce corps est en solution colloïdale dans le benzène, tandis que naturellement sa solution aqueuse est cristalloïde (Karczag). Plus récemment, von Weimarn a démontré, en préparant des solutions colloïdales de plus de 200 substances chimiques (sels, corps simples, etc...), qu'une même substance qu'on possède à l'état solide peut être le plus souvent amenée à l'état de solution, soit colloïdale, soit cristalloïde, suivant le traitement qu'on lui fait subir. Comme l'ont vu beaucoup d'autres chercheurs, il dépend beaucoup, dans certains cas, de la concentration des composants qui réagissent, que l'on obtienne des solutions cristalloïdes ou colloïdales.

« En conséquence, nous parlerons plutôt de matière à l'état colloïdal que de substance colloïdale, le caractère essentiel de l'état colloïdal étant que la matière reste indéfiniment à l'état de solide (ou probablement de liquide dans certains cas) en suspension en masses de très petite taille dans certains milieux liquides, tels que l'eau, l'alcool, le benzène, la glycérine, etc... Selon le liquide dans lequel se produisent ces solutions ou ces suspensions, on les nommera, d'après Graham, des hydrosols, des alcoosols, des benzosols, des glycérosols, etc... [1] »

La distinction capitale entre colloïdes et cristalloïdes, ou plutôt entre l'état colloïdal et l'état cristalloïde, réside dans la nature des forces qui

1. Burton (E.-F.), The Physical Properties of Colloidal Solutions, 2ᵉ éd., pp. 8-9 ; Londres, New-York, Bombay, Calcutta et Madras, 1921.

maintiennent en solution les deux sortes de substances (dans l'eau ou dans tout autre solvant). Les forces qui déterminent la stabilité des cristalloïdes en solution sont, d'après Langmuir ou Harkins, de nature chimique, les molécules du solvant et du dissous étant attirées les unes vers les autres par une affinité chimique (à laquelle on donne le nom de force de valence secondaire). On peut dire d'une manière générale que tant que les forces d'attraction entre les molécules du solvant et du dissous sont assez grandes, la solution sera stable. Si ces forces deviennent trop petites, il peut se former des agrégats moléculaires, mais ces agrégats peuvent rester en suspension, à condition qu'il s'établisse une différence de potentiel entre chaque particule et le solvant. Dans ce cas, on n'a plus affaire à une véritable solution, mais à une solution colloïdale. Les forces qui régissent la stabilité des solutions colloïdales, c'est-à-dire des suspensions de fines particules solides ou de fines émulsions d'huile pure dans l'eau, sont des forces de répulsion électrostatique dues à l'existence d'une double couche électrique à la surface limite entre chaque particule et l'eau. Tant que ces différences de potentiel dues aux couches électriques doubles sont assez grandes, les particules qui se rapprocheraient les unes des autres sont repoussées électrostatiquement, et grâce à cela, les petites particules ne peuvent s'agglomérer en masses plus grosses qui tomberaient plus rapidement sous l'influence de la pesanteur. Jevons[1] a, le premier, fait remarquer que la répulsion électros-

---

1. Jevons, *Trans. Manch. Phil. Soc.*, p. 78, 1870.

tatique entre les particules, qui est due à des charges électriques, pourrait être la force qui empêche les fines particules en suspension de s'agréger et de se déposer. Mais ce fut le mérite de Hardy d'avoir fourni la preuve que l'idée était juste, en montrant que des suspensions de particules fines d'ovalbumine dénaturée par ébullition ne sont plus stables à leur point isoélectrique où leurs charges électriques sont nulles. Lorsque ces charges deviennent nulles ou suffisamment petites, « l'adhésion ou l'*idioattraction*, comme l'appelle Graham, des particules colloïdales les unes pour les autres les amène à s'agréger lorsqu'elles viennent en contact[1] ». Naturellement, si les forces de cohésion entre les molécules dont se composent les particules sont trop faibles, ces particules peuvent rester en suspension, même lorsqu'elles ne portent aucune charge. Northrop et De Kruif ont montré que cela peut être vrai dans certaines conditions pour les suspensions bactériennes[2].

D'autre part, les particules en suspension peuvent généralement être amenées à floculer au moyen de sels, même si les particules portent primitivement une charge élevée. Dans ce cas, Hardy admet avec raison, que l'addition de sels diminue la différence de potentiel entre les particules colloïdales et le solvant, et cette hypothèse a été confirmée par les mesures de charge électrique faites par de nombreux auteurs[3].

---

1. Wood (T.-B.), et Hardy (W.-B.), *Proc. Roy. Soc.*, t. LXXXI, p. 41, 1909.

2. Northrop (J.-H.), et De Kruif (P.-H.), *J. Gen. Physiol.*, t. IV, p. 639, 1921-22.

3. Voir l'exposé de cette question dans Burton (E.-F.), « The

Schulze [1], et plus tard Linder et Picton [2], étudiant la coagulation de suspensions de sulfure arsénieux par les sels, ont trouvé que leur pouvoir coagulant dépend de la valence du métal du sel et croît rapidement avec cette valence. Hardy a montré que, d'une façon tout à fait générale, la floculation (coagulation ou agglutination) des particules en suspension était toujours due à l'ion du sel dont la charge était de signe opposé à celle des particules en suspension.

Un second fait également frappant mis en évidence par ces recherches, est que la concentration des sels qui produit la précipitation de ces suspensions est toujours faible, surtout quand l'ion qui porte une charge de signe opposé à celui des particules en suspension est polyvalent.

Nous pouvons maintenant nous demander laquelle des deux forces, répulsion électrique ou force de valence secondaire, maintient en solution les protéines vraies dans l'eau. La solution de ce problème peut s'obtenir au moyen du critérium suivant : si les forces qui maintiennent une protéine en solution sont des forces d'attraction entre molécules du solvant et du dissous (c'est-à-dire les forces de valence secondaire, telles que les définit Langmuir), de fortes concentrations salines sont nécessaires pour obtenir la précipitation, et le signe de la charge de l'ion précipitant n'a aucune relation avec celui des particules

Physical Properties of Colloidal Solutions » ; Londres, New-York, Bombay, Calcutta et Madras, 2ᵉ éd., 1921.

1. Schulze (H.), *J. Prakt. Chem.*, t. XXV, p. 431, 1882, t. XXVII, p. 320, 1883, t. XXXII, p. 390, 1884.

2. Linder (S.-F.), et Picton (H.), *J. Chem. Soc.*, t. LXI, LXVII, LXXI, et LXXXVII.

de protéine. Si au contraire ces forces sont petites, les particules peuvent néanmoins rester en suspension grâce à la couche électrique double qui entoure chaque particule ; mais dans ce cas, de faibles concentrations salines suffisent à précipiter la protéine, et l'ion actif du sel porte une charge de signe opposé à celle des particules de protéine. Si l'on applique ce critérium aux solutions de protéine, on trouve que certaines d'entre elles, comme l'albumine dénaturée, sont maintenues en suspension colloïdale par des couches électriques doubles, tandis que certaines autres, comme l'ovalbumine cristallisée non dénaturée ou la gélatine, sont maintenues en solution par les mêmes forces qui déterminent la stabilité des solutions cristalloïdes.

La nécessité d'employer de fortes concentrations salines pour précipiter ces dernières substances a conduit certains auteurs à proposer d'admettre que ces protéines forment des émulsions, et non des suspensions. On a pris l'habitude de distinguer deux types de solutions colloïdales, les suspensoïdes (tels que l'argile ou le graphite) qui n'exigent pour leur précipitation que de faibles concentrations salines, et les émulsoïdes pour lesquels ces concentrations doivent être élevées. On a aussi désigné les émulsoïdes sous le nom de colloïdes hydrophiles ou lyophiles et les suspensoïdes sous le nom de colloïdes hydrophobes ou lyophobes. Les protéines vraies sont supposées être des émulsoïdes ou colloïdes hydrophiles. Malheureusement pour cette hypothèse, Powis [1] a montré que de véritables émulsions

---

1. Powis (F.), *Z., physik. Chem.*, t. LXXXIX, pp. 91, 179, 186, 1914-15.

d'huile dans l'eau sont floculées par les mêmes faibles concentrations salines que les suspensions de particules solides ; les prétendus émulsoïdes ou colloïdes hydrophiles se comportent comme de véritables cristalloïdes et non comme des émulsions en ce qui concerne leur solubilité.

Tandis que certaines protéines forment dans l'eau des suspensions dont la stabilité dépend de différences de potentiel entre les particules et le solvant, d'autres conservent la solubilité cristalloïde de leurs constituants. La raison de l'existence de semblables différences est aisée à saisir : les protéines sont formées d'acides aminés ayant contracté des liaisons du genre peptide. Chacun de ces acides aminés est un cristalloïde, et il n'y a *à priori* aucune raison pour que les forces qui maintiennent les acides aminés en solution, cessent d'exister quand ils se lient les uns aux autres pour former des polypeptides. Il y a d'ailleurs une différence entre la solubilité des différents acides aminés, dont les uns, comme la glycine ou l'alanine, sont très solubles dans l'eau, tandis que d'autres, comme la tyrosine, ne le sont que faiblement. D'après la nature. et peut-être le mode de liaison des acides aminés qui forment les différentes protéines, il peut y avoir des différences dans la solubilité de ces corps. Si ce sont des acides aminés insolubles ou des groupes non solubles qui prévalent dans une protéine, il peut arriver que l'attraction entre l'eau et cette protéine devienne si petite que seules des couches électriques doubles puissent en maintenir les particules en solution. Mais il serait faux d'en induire que les solutions de toutes les protéines doivent se comporter ainsi.

La conception que les protéines vraies peuvent former des solutions crlstalloïdes se heurte à deux sortes de difficultés, qui d'ailleurs ne sont qu'apparentes. La première est due à ce que beaucoup de protéines vraies, comme la gélatine, ne sont que faiblement solubles à leur point iso-électrique. Comme à ce point les particules ne se meuvent pas dans un champ électrique, on en a tiré cette interprétation que ce sont des couches électriques doubles qui maintiennent en solution la gélatine isoélectrique. Nous verrons que cela signifie seulement que la protéine non ionisée est moins soluble que la protéine ionisée[1] ; en d'autres termes, que l'ionisation accroît l'affinité de certains groupes de la protéine pour l'eau. La seconde difficulté résulte de ce qu'une solution de géla-tine peut se transformer en gel. Cela a paru en contradiction avec l'hypothèse que la gélatine serait maintenue en solution par l'affinité de cer-tains groupes de sa molécule pour l'eau. L'hypo-thèse suivante peut faire disparaître cette diffi-culté : dans les grosses molécules de protéine, il y a certains groupes (tels que $COOH$ et NH^2) qui ont pour l'eau une grande affinité (nous les appellerons les groupes *hydrophiles*), tandis que d'autres groupes ont peu d'affinité pour l'eau et une grande affinité réciproque (nous les appelle-rons *éléiques*[2]). Bien que ces derniers groupes ne soient pas capables de surmonter les forces grâce

---

1. Loeb (J.), *Arch. néerlandaises Physiol.*, t. VII, p. 510, 1922. Cohen (E.-J.), *J. Gen. Physiol.*, t. IV, p. 697, 1921-22.

2. Nous avons traduit ainsi les adjectifs *aqueous* et *oily* employés par l'auteur. Les formes *huileux* ou *oléique* ne nous ont pas paru acceptables. On désigne souvent par huiles (*Öl, oil*) dans les textes allemands ou anglais les liquides non miscibles à l'eau (Note du traducteur).

auxquelles les groupes hydrophiles, aminés ou carboxyliques, tiennent la molécule de protéine en liaison avec l'eau, ils peuvent donner naissance à une chaîne ou à un réseau formé par les molécules ou les ions de protéine voisins, s'il arrive que ces groupes éléiques appartenant à des molécules différentes viennent en contact. C'est là probablement l'origine du gonflement du gel solide de gélatine dans l'eau. La formation de la gelée de gélatine semble différer de la précipitation en ce que, tandis que dans une précipitation, même les groupes ou les atomes hydrophiles d'une molécule perdent leur affinité pour l'eau, au contraire, lorsqu'il y a formation de gelée, l'affinité pour l'eau de ces mêmes groupes n'est pratiquement pas modifiée, les molécules n'adhérant les unes aux autres que par certains groupes éléiques de leur large surface. Quand il se forme une telle gelée, la distance relative réciproque des molécules de gélatine reste la même que dans la solution, et la force d'adhésion entre l'eau et les groupes hydrophiles des molécules de gélatine n'est pas modifiée. Ce qui change, c'est seulement l'orientation des molécules les unes par rapport aux autres, en raison de ce qu'elles arrivent alors à se toucher par leurs groupes éléiques.

Il ne semble pas y avoir de raison d'admettre que les forces qui maintiennent en solution les molécules de certaines protéines vraies comme, l'ovalbumine cristallisée ou la gélatine, diffèrent de celles qui jouent le même rôle pour les cristalloïdes.

IV. — Séries d'ions d'Hofmeister

L'idée, que toutes les solutions des protéines vraies sont des systèmes diphasiques dans lesquels les particules sont individuellement maintenues en solution par des couches électriques doubles, était liée à l'hypothèse d'une adsorption élective des ions par les particules. Cette dernière hypothèse paraissait trouver un appui dans les expériences faites pour montrer que différents ions, de même signe et de même valence, modifient de façon entièrement différente les propriétés physiques des protéines. Les premières expériences furent faites sur ce sujet par Hofmeister[1]. Lui-même et ses successeurs observèrent que la grandeur relative de l'action des anions sur la précipitation, le gonflement, et les autres propriétés des protéines, paraît très constante, et que ces ions peuvent être rangés, semble-t-il, en série régulière d'après leur activité relative, l'ordre obtenu étant indépendant de la nature du cation associé. Des séries semblables ont été également obtenues pour les cations, mais ces séries paraissent être moins régulières. Les séries d'Hofmeister étaient embarrassantes pour qui acceptait le point de vue chimique au sujet des propriétés des protéines, puisqu'il était impossible d'y découvrir une relation avec les rapports de combinaison ordinaires des ions.

Pour faire comprendre ceci, nous allons citer l'ordre dans lequel, d'après Pauli[2], se présentent

---

1. Hofmeister (F.), *Arch. exp. Path. u. Pharm.*, t. XXIV, p. 247, 1888; — t. XXV, p. 1, 1888-89; — t. XXVII, p. 395, 1890; — t. XXVIII, p. 210, 1891.

2. Pauli (W.), *Fortschr. naturwis. Forschung*, t. IV, p. 223, 1912.

les différents acides rangés d'après leur activité relative sur la viscosité de l'albumine du sang :

Acides chlorhydrique > monochloracétique > oxalique > dichloracétique > citrique > acétique > sulfurique > trichloracétique,

l'acide chlorhydrique augmentant au maximum la viscosité de ce liquide, et l'acide trichloracétique ou sulfurique au minimum. Dans cette série, l'acide chlorhydrique qui est monobasique et fort, est suivi de l'acide monochloracétique faible, celui-ci de l'acide oxalique dibasique, puis de l'acide citrique tribasique faible, à la suite duquel on trouve l'acide acétique monobasique très faible, l'acide sulfurique dibasique fort et, pour finir, de nouveau un acide monobasique, l'acide trichloracétique.

D'après Hofmeister, la gélatine se gonfle dans les chlorures, les bromures et les nitrates plus que dans l'eau pure, et dans les solutions d'acétate, de tartrate, de citrate ou de sucre, moins que dans l'eau pure. R.-S. Lillie[1] classe les ions d'après la quantité dont ils diminuent la pression osmotique d'une solution de gélatine de la manière suivante :

$$Cl > SO^4 > NO^3 > Br > I > CNS$$

Ces séries n'ont aucune relation avec les proportions ordinaires de combinaison des ions[2]. Aussi longtemps qu'on considéra les séries d'ions d'Hofmeister comme ayant une existence réelle,

---

1. Lillie (R.-S.), *Am. J. Physiol.*, t. XX, p. 127 ; 1907-08.

2. Höber (R.), dans « Physikalische Chemie der Zelle und der Gewebe », Leipzig et Berlin, 1914, donne un exposé plus complet de ces séries.

il paraissait inopportun de prendre parti pour ou contre une théorie purement chimique des propriétés des colloïdes, puisque, même si l'on penchait en faveur de la théorie chimique, les séries d'Hofmeister restaient inexplicables.

L'auteur pense qu'il a pu écarter ces difficultés en prenant pour règle de comparer les solutions de protéine à égale concentration d'ions H.

Il a trouvé de cette manière qu'un grand nombre d'auteurs ont attribué à tort les effets d'une altération de la concentration d'ions H sur les propriétés physiques des protéines à une différence dans l'action spécifique des anions ou des cations qu'on y ajoute. Ainsi on admettait toujours que les acétates ont une action *déshydratante* presque aussi grande que celle des sulfates, mais on oubliait que l'acide acétique est un acide faible, et que, dans les expériences qu'on veut interpréter, les auteurs avaient omis de comparer les effets des ions sulfurique et acétique à même concentration d'ions H. Quand on évite cette erreur, on peut montrer que les acétates modifient la pression osmotique et la viscosité des solutions de gélatine ainsi que le gonflement des gels de cette substance tout à fait comme les chlorures ou les nitrates, et non pas comme les sulfates ; autrement dit que les anions de même valence ont une action semblable[1].

En prenant en considération la concentration des ions H, on a pu montrer que l'hypothèse de différences spécifiques dans l'action de différents ions ayant la même valence et des charges de même signe, était due à une erreur de méthode,

---

1. Loeb (J.), *J. Gen. Physiol.*, t. III, p. 391, 1920-21.

et que la règle d'Hofmeister doit être remplacée par la simple règle de valence, d'après laquelle, seuls la valence et le signe de charge des ions agissent sur les propriétés colloïdales d'une protéine, les autres propriétés des ions ne pouvant exercer qu'une influence secondaire, par exemple, en modifiant les forces de cohésion dans le cas de gels ou d'agrégats; cette influence est souvent négligeable.

Ce fait met en accord complet les résultats des expériences de titrage avec l'influence des ions sur les propriétés physiques de la gélatine. Dans les expériences de titrage, on a trouvé que, lorsque la concentration en ions H est supérieure à 2.10 n, les acides faibles dibasiques et tribasiques se combinent généralement avec une protéine comme s'ils étaient entièrement ou en grande partie monobasiques. Par suite, les anions de sels de protéine formés avec des acides dibasiques ou tribasiques faibles comme les acides phosphorique, citrique, tartrique et succinique sont monovalents, et on a trouvé que la pression osmotique ou la viscosité des solutions de phosphate de protéine est la même que celle des solutions de chlorure de protéine, pour une même concentration d'ions H, et pour une même concentration de protéine comptée à l'état isoélectrique.

D'autre part, les expériences de titrage ont montré que l'anion d'un sulfate de gélatine est dibasique, et on a vu que la pression osmotique et la viscosité d'un sulfate de gélatine sont inférieures à la moitié des quantités correspondantes relatives au chlorure, au phosphate ou au succinate de la même substance, pour une même concentration d'ions H, et pour une même concentration de gélatine comptée à l'état isoélectrique[1].

De cette manière, l'influence des ions sur les propriétés physiques des protéines, particulièrement dans le cas de la gélatine, se trouve être en harmonie avec les résultats des expériences de titrage. Dans le cas de la gélatine et, semble-t-il aussi, dans celui de l'albumine d'œuf cristallisée, ce n'est que la valence, et non la nature de l'ion en combinaison avec la protéine, qui en modifie les propriétés.

Cependant, en ce qui concerne le gonflement de la caséine, l'influence de la nature de l'ion est notable, mais n'est due qu'à l'action secondaire de l'anion de l'acide sur la solubilité ou sur la cohésion. Le fait qu'en règle générale ce n'est que l'influence de l'ion qui se combine à la protéine, qui puisse modifier la pression osmotique ou la viscosité de ses solutions et le gonflement de son gel, donne la clef de ces influences.

V. — Hypothèse de l'agrégation

Il n'a peut-être pas été très heureux, pour le développement de la théorie des colloïdes, que l'attention des chercheurs se soit d'abord fixée spécialement sur les phénomènes de précipitation. De ce que la précipitation est due à une agrégation des particules, il est résulté que l'importance de la formation d'agrégats a été surestimée. Cela conduisit, comme nous l'avons vu, à l'idée erronée que les protéines ne se combinent pas en proportions définies avec d'autres composés, puisqu'on admettait que les agrégats réagissent seu-

---

1. Loeb (J.), *J. Gen. Physiol.*, t. III, pp. 85, 247, 1920-21.

lement par leur surface. Cette hypothèse, comme
on l'a déjà constaté, n'est pas exacte dans le cas
des protéines, car les gels de protéines sont librement perméables aux cristalloïdes. Cela conduisit
encore à une autre idée également malheureuse :
cette formation d'agrégats parut devoir expliquer tous les phénomènes colloïdaux. Ainsi,
lorsque R.-S. Lillie[1] fit cette observation importante que les sels neutres diminuent la pression
osmotique des solutions de gélatine, il parut naturel de rapporter ce fait à l'action précipitante
des sels, en admettant que l'addition d'un sel
détermine l'agrégation des molécules ou des ions
de gélatine en masses plus importantes[2] : il en
résulterait une diminution du nombre des particules dans la solution. Mais on a aussi trouvé que
l'addition de sels diminuait la viscosité des solutions de protéines et le gonflement des mêmes
corps à l'état solide. Or, nous verrons plus loin
que la formation d'agrégats à partir de molécules
ou d'ions libres de protéine détermine un accroissement de la viscosité d'une solution de gélatine[3].
Par suite, si l'addition d'un sel à une solution de
protéine diminue sa pression osmotique en entraî-
nant la formation d'agrégats, cette même addition
de sel devrait accroître la viscosité de la solution.

C'est précisément le contraire de ce qu'on
observe, car la viscosité de la solution diminue au
lieu de s'accroître par addition de sels.

On s'est heurté à une seconde difficulté : les
précipitations salines de la gélatine exigent des

---

1. Lillie (R.-S.), *Am. J. Physiol.*, t. XX, p. 127, 1907-08.
2. Zsigmondy (R.), « Kolloidchemie », 2ᵉ éd., Leipzig, 1918.
3. Loeb (J.), *J. Gen. Physiol.*, t. IV, p. 97, 1921-22.

concentrations salines élevées et l'ion actif est sans relation avec le signe de la charge de la protéine, tandis que la diminution de la pression osmotique des solutions de gélatine sous l'influence des sels est, comme nous le verrons, sous la dépendance exclusive de l'ion salin dont la charge est de signe opposé à celui de la protéine. Il suffit d'ailleurs de faibles concentrations salines pour réduire à zéro la pression osmotique des solutions de protéines.

L'hypothèse de la dispersion ou de l'agrégation ne peut être soumise à une épreuve quantitative, et à aucune époque dans l'histoire de la science, il n'a été possible de trouver une explication des phénomènes complexes au moyen de spéculations purement qualitatives et non mathématiques.

VI. — Théorie de l'hydratation de Pauli

Laqueur et Sackur [1], en étudiant l'influence de l'addition de diverses quantités de soude à une masse donnée de caséine, ont admis correctement que les deux substances se combinent en donnant un caséinate de sodium. La viscosité de la solution de caséinate de sodium est élevée et varie particulièrement avec la quantité de soude qu'on ajoute à la caséine. Si l'on n'ajoute que peu de soude, la viscosité croît en même temps que cette quantité d'alcali, et cela jusqu'à ce qu'on atteigne un maximum après lequel l'addition de nouvelles quantités de soude diminue la

---

1. Laqueur (E.), et Sackur (O.), *Beitr. chem. Physiol, u. Pathol.,* t. III, p. 193, 1903.

viscosité. C'est là un fait fondamental, qui a depuis été confirmé en ce qui concerne l'influence des acides et des alcalis, non seulement sur la viscosité, mais aussi sur les autres propriétés des protéines, et qu'on ne constate pas seulement avec la caséine, mais, semble-t-il, avec toutes les protéines.

Laqueur et Sackur ont expliqué les résultats qu'ils ont obtenus en s'appuyant sur les expériences de Reyher[1] sur la viscosité des solutions d'acides gras. Reyher avait observé que la viscosité des solutions des sels d'acides gras est plus grande que celle des solutions des acides gras eux-mêmes ; comme les sels des acides gras subissent la dissociation électrolytique à un degré beaucoup plus élevé que les acides, il admit que l'accroissement de viscosité résulte surtout de l'ionisation. Laqueur et Sackur admirent la même hypothèse pour les solutions de caséine et attribuèrent la viscosité élevée de ces solutions aux ions de cette substance. Ils appuyèrent leur hypothèse sur le fait que l'addition d'un peu de soude à la caséine en accroît d'abord la viscosité, qui passe ensuite par un maximum et diminue pour de nouvelles additions d'alcali. On peut aussi diminuer la viscosité d'une solution de caséinate de sodium par l'addition d'un sel neutre. Laqueur et Sackur admirent que cet abaissement de la viscosité résulte d'un moindre degré de dissociation électrolytique du caséinate de sodium, sous l'influence de l'ion Na du NaOH ou du NaCl mis en excès.

L'idée que la viscosité d'une solution de pro-

1. Reyher (R.), *Z. physik. Chem.*, t. II, p. 744, 1888.

téine dépend surtout de l'ion de la protéine a été acceptée par W. Pauli[1], qui a fait l'hypothèse supplémentaire que chaque ion de protéine s'hydrate, c'est-à-dire qu'il est entouré d'une couche épaisse de molécules d'eau. Pauli travaillait avec l'albumine du sang débarrassée de sels par une dialyse prolongée pendant plusieurs semaines. Quand il ajoutait de l'acide à l'albumine soluble dans l'eau, la viscosité qui était de 1,0623 pour la solution d'albumine pure, croissait jusqu'à 1,2937 pour une concentration 0,017 n du HCl ajouté à la solution d'albumine. Quand la concentration de HCl croissait jusqu'à 0,05 n, la viscosité n'était plus que de 1.1667. Les nombres suivants sont ceux que donne Pauli :

Concentration de HCl n.	0,0	0,005	0,01	0,012
	0,017	0,02	0,03	0,04
	0,05			
Viscosité	1,0623	1,2555	1,233	1,274
	1,2937	1,2770	1,224	1,1822
	1,1667			

Pauli a admis que les ions de protéine sont entourés d'une couche d'eau, tandis que les molécules non ionisées de protéine ne seraient pas hydratées. L'addition d'un peu de HCl à l'albumine isoélectrique amènerait la transformation de l'albumine non ionisée en chlorure d'albumine fortement ionisé, et, par suite, à ce qu'il admet, fortement hydraté. Plus on ajoute d'acide, plus il se forme de chlorure d'albumine, et plus il doit se former d'ions hydratés d'albumine. Par suite, la viscosité doit croître d'abord avec la quantité

<hr>

1. Pauli (W.), *Fortschr. naturwiss. Forschung.*, t. IV, p. 223, 1912. « Kolloidchemie der Eiweisskörper », Dresde, Leipzig, 1920.

d'acide qu'on ajoute, jusqu'au moment où l'addition d'une plus grande quantité d'acide abaisse le degré de dissociation électrolytique du chlorure d'albumine en raison de la concentration élevée des ions Cl communs au chlorure de protéine et à HCl.

Si nous essayons de nous servir de ces idées pour expliquer l'influence de la valence des ions sur les propriétés physiques des protéines, nous sommes forcés d'admettre que le degré de dissociation électrolytique des sels de gélatine à ions bivalents est plus faible que celui des sels de gélatine à ions monovalents. Comme la viscosité des solutions de chlorure de gélatine est, par exemple, beaucoup plus élevée que celle des solutions de sulfate de gélatine, à même concentration en ions H, et à même concentration en gélatine prise à l'état isoélectrique, nous arriverons à conclure que le degré de dissociation électrolytique du sulfate de gélatine est beaucoup plus petit que celui du chlorure de gélatine.

L'auteur a mis cette théorie à l'épreuve en mesurant la conductivité électrique des solutions de divers sels de gélatine à des pH différents, et il en est résulté que le parallélisme entre la concentration des ions de protéine et la grandeur des propriétés physiques de ces corps, exigé par la théorie de Pauli, ne se vérifiait pas. (Voir Chapitre IX.) Lorentz [1], Born [2] et d'autres auteurs ont récemment abouti à cette conclusion que l'hypothèse de l'hydratation des ions ne peut être

---

1. Lorentz (R.), *Z. Elektrochem.*, t. XXVI, p. 424, 1920.
2. Born (M.), *Z. Elektrochem.*, t. XXVI, p. 401, 1920.

soutenue dans le cas des ions polyatomiques[1].

L'accroissement de viscosité de certaines solutions de protéines, lorsqu'on ajoute de l'acide ou de l'alcali à ces protéines prises à l'état isoélectrique, résulte bien de leur ionisation, mais la relation entre ces phénomènes n'est pas directe comme l'admettent Laqueur et Sackur ; elle est indirecte et due au rôle des ions de protéines dans l'établissement d'un équilibre de Donnan.

VII. — Résumé

Si nous résumons l'histoire de ce sujet, nous constatons que, dans les travaux relatifs aux colloïdes, on admet que les protéines se combinent, non pas en proportions définies, mais par adsorption. Mais en raison du fait que ces corps sont des électrolytes amphotères dont les sels sont fortement hydrolysés, il est nécessaire de mesurer la concentration en ions H de leurs solutions au moyen d'une électrode à hydrogène avant de formuler des conclusions relatives à la nature de leurs combinaisons. Si l'on suit cette règle de conduite, on trouve que les protéines réagissent avec les acides et les alcalis suivant des proportions définies, et qu'il n'y a pas de différence entre la chimie des protéines et celle des cristalloïdes.

On a d'autre part prétendu que les solutions

---

1. Le mot « Hydratation » est souvent employé dans la chimie des colloïdes de manière vague pour désigner des phénomènes tels que le gonflement des protéines qui est un phénomène purement osmotique. Il est évident que l'on ne peut aboutir qu'à une confusion si on emploie le mot « Hydratation » pour pression osmotique. Dans ce livre, le mot « Hydratation » n'est employé que dans le sens que lui donnent Kohlrausch et Pauli.

de protéines vraies dans l'eau sont toujours des systèmes diphasiques dans lesquels les particules de protéines sont maintenues en solution grâce à des couches électriques doubles dues à une hypothétique adsorption élective d'ions par les particules. On a vu que certaines protéines sont maintenues en solution par les mêmes forces qui déterminent la dissolution de cristalloïdes, les acides aminés, dont ces protéines sont formées. Les forces qui maintiennent en solution de telles protéines vraies ne diffèrent pas de celles qui maintiennent en solution les cristalloïdes, comme les acides aminés.

Enfin, la croyance à la réalité des séries d'ions d'Hofmeister a fourni un nouvel appui à la croyance à la théorie de l'adsorption. Mais maintenant qu'il est possible de s'assurer que ces séries ne devaient leur existence qu'à l'erreur de méthode qui consiste à omettre de mesurer la concentration en ions H des solutions, il devient évident que ce que l'on a appelé la chimie des colloïdes n'est, en ce qui concerne les protéines, qu'un système d'erreurs basé sur une méthode expérimentale inexacte et périmée.

Y a-t-il, se demandera-t-on alors, dans la façon dont se comportent les protéines, quelque particularité qu'on ne retrouve pas dans les cristalloïdes ?

Nous répondrons qu'il existe en effet de telles particularités et qu'elles se trouvent dans l'influence des électrolytes sur la pression osmotique des solutions de protéines, sur la viscosité de certaines d'entre elles, mais non de toutes, et sur le gonflement de leurs gels. Ces particularités sont les suivantes :

1º L'addition d'une petite quantité d'acide ou d'alcali à une protéine prise à l'état isoélectrique accroît la pression osmotique et la viscosité de sa solution, ainsi que le gonflement de son gel, jusqu'à une certaine limite au delà de laquelle l'addition d'une plus grande quantité du même réactif ne fait que diminuer la grandeur de ces propriétés.

2º L'addition de sels neutres ne peut que diminuer la grandeur de ces trois mêmes propriétés.

3º Cette influence des électrolytes croît avec la valence de l'ion dont la charge a un signe opposé à celui de l'ion de la protéine.

4º Ce n'est que la valence des ions cristalloïdes et non leur nature qui modifie les propriétés des protéines dont nous avons parlé (sauf quand l'électrolyte a une influence secondaire qui s'exerce de manière indirecte).

L'auteur a réalisé des mesures relatives à une nouvelle propriété qui n'avait pas été prise en considération dans les travaux sur les colloïdes, celle des *potentiels de membrane* des solutions de protéines, c'est-à-dire des différences de potentiel qui se manifestent entre des solutions de sels de protéines contenus dans des sacs de collodion et un liquide aqueux extérieur sans protéine, entre lesquels s'est établi un équilibre osmotique. Ces mesures ont fourni le résultat suivant : les potentiels de membrane sont modifiés par les électrolytes de la même manière que la pression osmotique, la viscosité ou le gonflement. Comme la grandeur des potentiels de membrane peut être reliée par une relation mathématique et quantitative à la théorie des équilibres de membrane de Donnan, il a paru possible que

ces équilibres de membrane subissent une
influence des électrolytes semblable à celle que
subissaient les trois autres propriétés et cela s'est
vérifié.

VIII. — Équilibres de membrane de Donnan

Donnan[1] a montré que quand une membrane
sépare deux solutions d'électrolytes dont l'une
contient un ion incapable de diffuser à travers
la membrane, les autres ions diffusant au contraire librement, il en résulte une distribution
inégale des ions diffusibles des deux côtés de cette
membrane. L'équilibre établi, le produit des
concentrations des deux ions diffusibles de charge
inverse est le même des deux côtés de la membrane. Cette concentration inégale des ions cristalloïdes doit donner naissance à des différences
de potentiel et à des forces osmotiques, et nous
verrons dans la « Théorie des propriétés colloïdales » que ces forces fournissent une explication des propriétés colloïdales des protéines.

Le mieux est de citer ici les propres termes
dans lesquels Donnan expose sa théorie :

« Nous supposons que la membrane (que nous
représenterons dans le diagramme ci-dessous par
une ligne verticale) soit imperméable à l'anion R
du sel NaR (et aussi à la partie non dissociée du
sel NaR), mais qu'elle soit perméable à tous les
autres ions ou sels que l'on aura à prendre en
considération...

« Supposons qu'au début nous ayions une solution de NaR d'un côté de la membrane (repré-

---

1. Donnan (F.-G.), *Z. Electrochem.*, t. XVII, p. 572, 1911.

sentée par une ligne verticale), et de NaCl de l'autre côté.

$$\overset{+}{\underset{\overline{R}}{Na}} \quad \Big| \quad \overset{+}{\underset{\overline{Cl}}{Na}}$$
$$(1) \qquad\qquad (2)$$

« Dans ce cas, NaCl diffusera de (2) vers (1) ; à la fin l'équilibre résultant sera :

$$\overset{+}{\underset{\overline{R}}{Na}} \quad \Big| \quad \overset{+}{Na}$$
$$\overline{Cl} \qquad\qquad \overline{Cl}$$
$$(1) \qquad\qquad (2)$$

« Quand cet équilibre est établi, l'énergie nécessaire pour transporter de manière réversible et isotherme une molécule-gramme de $\overset{+}{Na}$ de (2) vers (1) est égale à l'énergie qui peut être obtenue par le transport correspondant réversible et isotherme d'une molécule-gramme de $\overline{Cl}$. En d'autres termes, nous considérons le changement infiniment petit isotherme et réversible suivant du système :

$$\left\{ \begin{array}{l} \delta n \text{ Mol. Na } (2) \longrightarrow (1) \\ \delta n \text{ Mol. Cl } (2) \longrightarrow (1) \end{array} \right\}$$

« L'énergie obtenue de cette manière (c'est-à-dire la diminution d'énergie libre) est nulle ; par suite :

$$\delta n.\ RT \log \frac{[Na]_2}{[Na]_1} + \delta n.\ RT \log \frac{[Cl]_2}{[Cl]_1} = 0$$

ou

$$\left[\overset{+}{Na}\right]_2 \left[\overline{Cl}\right]_2 = \left[\overset{+}{Na}\right]_1 \left[\overline{Cl}\right]_1 \qquad (1)$$

où les crochets indiquent des concentrations moléculaires. »

J.-A. Wilson[1] a montré que cette équation
peut être obtenue par des considérations purement électrostatiques.

« L'établissement de cette équation n'implique
pas l'usage de la thermodynamique, comme on
peut s'en assurer facilement. En passant d'une
phase à l'autre, les ions de charge opposée se
déplacent par paire en raison de ce que leur séparation créerait des forces électrostatiques puis-
santes capables d'empêcher leur diffusion. Grâce
à cela, un ion sodium ou chlore frappant seul la
membrane ne peut la traverser. Mais comme la
membrane est librement perméable à la fois aux
ions $\overset{+}{Na}$ et $\overline{Cl}$, lorsque deux ions de charge opposée la frappent en même temps, il n'y a rien qui
les empêche d'arriver en la traversant dans le
liquide placé de l'autre côté. La vitesse de transport de ces ions d'une solution dans l'autre,
dépend donc de la fréquence avec laquelle le
hasard leur fait aborder la membrane par groupes
de deux, fréquence proportionnelle au produit de
leurs concentrations. L'équilibre établi, la vitesse
de transport des ions $\overset{+}{Na}$ et $\overline{Cl}$ de la solution II
à la solution I est exactement la même que leur
vitesse de transport de la solution I à la solution II ; d'où résulte que le produit des concentrations de ces ions a la même valeur dans les
deux solutions.

« Il est maintenant intéressant de considérer
l'effet de la complication introduite dans le sys-

1. Wilson (J.-A.), « The Chemistry of Leather Manufacture » New-
York, 1923.

tème par un autre sel, tel que KBr. En employant le même raisonnement, on verra que l'équilibre ne s'établira que lorsque le produit [K] $\times$ [Br] a la même valeur dans les mêmes solutions et que la même chose est vraie pour les produits [K] $\times$ [Cl] et [Na] $\times$ [Br]. En fait, quel que soit le nombre d'électrolytes mono-monovalents présents dans le système, le produit des concentrations de chaque paire d'ions diffusibles de charge opposée doit être le même dans les deux solutions.

On peut donc montrer aussi bien par la thermodynamique que par des considérations électrostatiques, que l'équilibre est atteint lorsque le produit des concentrations d'un côté de la membrane d'un couple de cations et d'anions diffusibles est égal au produit des concentrations du même couple d'ions de l'autre côté. Comme la concentration des cations $\overset{+}{N}a$ du côté où se trouve l'anion non diffusible (protéine) est la somme du nombre de cations combinés avec l'anion non diffusible et de ceux qui sont combinés à $\overset{-}{C}l$, tandis que de l'autre côté de la membrane, la concentration des ions $\overset{+}{N}a$ n'est que celle de ces ions combinés avec $\overset{-}{C}l$, et par suite est égale à la concentration de ces ions $\overset{-}{C}l$, il est évident que l'équation (1) de Donnan ne peut être satisfaite que si

$$\left[\overset{+}{Na}\right]_1 > \left[\overset{+}{Na}\right]_2$$

et

$$\left[\overset{-}{Cl}\right]_1 < \left[\overset{-}{Cl}\right]_2$$

Cette inégalité de concentration des ions diffusibles des deux côtés opposés de la membrane entre en compte, comme nous le verrons, dans l'influence des électrolytes sur toutes les propriétés que la chimie des colloïdes a vainement cherché à expliquer en partant des hypothèses de la dispersion et de l'hydratation. On remarquera que la condition essentielle qui détermine l'équilibre est l'existence de deux solutions séparées par une membrane, dont l'une contient un ion qui ne peut diffuser à travers cette membrane, tandis que tous les autres la traversent aisément.

Cette différence dans la concentration des ions diffusibles des deux côtés opposés de la membrane doit produire une différence de potentiel entre ses deux faces, et Donnan a fait voir que cette différence doit être (selon la formule bien connue de Nernst)

$$\pi_1 - \pi_2 = \frac{RT}{F} \log \frac{\left[\overset{+}{Na}\right]_2}{\left[\overset{+}{Na}\right]_1} = \frac{RT}{F} \log \frac{\left[\overset{-}{Cl}\right]_1}{\left[\overset{-}{Cl}\right]_2},$$

où $\dfrac{RT}{F} = 58$ millivolts (à la température ordinaire), ce qui donne pour la différence de potentiel entre les deux faces de la membrane, exprimée en millivolts

$$\pi_1 - \pi_2 = 58 \log \frac{\left[\overset{+}{Na}\right]_2}{\left[\overset{+}{Na}\right]_1} = 58 \log \frac{\left[\overset{-}{Cl}\right]_1}{\left[\overset{-}{Cl}\right]_2}.$$

L'auteur a vérifié cette conséquence de la théorie de Donnan pour des solutions de sels de protéines séparées de l'eau par une membrane de collodion, et la théorie s'est trouvée tout à fait confirmée. Grâce à ces mesures de potentiels de membrane, l'exactitude de la théorie de Donnan ne fait plus aucun doute.

On comprendra maintenant pourquoi la preuve que les réactions des protéines avec les acides et les alcalis sont soumises à la loi des proportions définies est d'importance fondamentale. La théorie de Donnan repose sur l'existence d'une espèce d'ions non diffusibles, et cette condition est remplie du fait que les protéines forment avec les acides et les alcalis. des sels ionisables, et que l'ion de protéine ne peut traverser les membranes dialysantes.

On remarquera qu'il n'est pas nécessaire que l'ion non diffusible soit colloïdal ; il faut seulement qu'il y ait une membrane qui empêche une des espèces d'ions de diffuser, sans qu'il y ait lieu de distinguer si cet ion est cristalloïde ou colloïde. Si nous avions une membrane imperméable à l'ion $\overset{=}{SO^4}$, mais perméable aux ions $\overset{+}{Na}$ et $\overset{-}{Cl}$, les solutions de NaCl et de Na^2SO^4, mises respectivement des deux côtés de la membrane, donneraient lieu à un équilibre de Donnan, et la solution de Na^2SO^4 ressemblerait vraisemblablement à une solution de protéinate de soude par certains caractères colloïdaux, la pression osmotique et la différence de potentiel vis-à-vis de l'eau.

Donnan et ses collaborateurs ont montré l'existence d'une concentration inégale des ions diffusibles de deux solutions salines des deux côtés opposés d'une membrane à travers laquelle un des ions était incapable de diffuser. C'est ainsi que Donnan et Allmand ont examiné « la distribution du chlorure de potassium entre deux espaces séparés par un diaphragme de ferrocyanure de cuivre, l'un de ces espaces contenant du ferrocyanure de potassium (la membrane est imperméable à l'ion $Fe(CN)^6$). La concentration en chlorure de potassium est plus élevée du côté où manque le ferrocyanure de potassium, et la relation qui lie les concentrations du chlorure et du ferrocyanure a été établie par l'expérience. Les résultats obtenus sont en général d'accord avec la conception des équilibres de membrane envisagée par Donnan, mais un examen des chiffres relatifs à la distribution, et de ceux que fournissent les mesures de force électromotrice, fait voir que, de toute manière, dans le cas d'une membrane de ferrocyanure de cuivre et de solutions de ferrocyanure de potassium, les phénomènes ne sont pas aussi simples que le supposait la théorie[1] ».

Plus récemment, Donnan et Garner[2] ont étudié la concentration d'équilibre entre des solutions de ferrocyanure de Na et de K d'une part, de Na et de Ca de l'autre, à travers une membrane de ferrocyanure de cuivre, et les résultats obtenus ont en général été d'accord avec la théorie de Donnan. Ils ont également étudié une membrane liquide faite d'alcool amylique en employant comme électrolytes KCl et LiCl.

« Autant que le peuvent montrer des expériences préliminaires, la concentration d'équilibre des ions Li et Cl et de la partie non disso-

---

1. Donnan (F.-G.), et Allmand (A.-J.), *J. Chem. Soc.*, t. CV, p. 1963, 1914.

2. Donnan (F.-G.), et Garner, (W.-E.), *J. Chèm. Soc.*, t. CXV, p. 1313, 1919.

ciée de l'électrolyte est d'accord avec la théorie de Donnan. »

Nous verrons que la théorie de Donnan explique l'influence des électrolytes sur les propriétés physiques des protéines. Cet auteur a prévu que probablement sa théorie aurait à s'appliquer à la chimie des colloïdes et à la physiologie, comme le montrent les remarques suivantes :

« Dans ce mémoire, on a essayé de décrire les équilibres d'ions qui se produisent lorsque certains ions (et les sels non dissociés qui leur correspondent) ne peuvent diffuser à travers une membrane. Ces équilibres sont d'une grande importance pour la théorie de la dialyse et des colloïdes aussi bien que pour le mécanisme de la cellule et pour la physiologie générale. »

Autant que j'ai pu m'en rendre compte, Procter et J.-A. Wilson furent les seuls auteurs qui prêtèrent quelque attention à l'application de la théorie de Donnan au problème des colloïdes.

Procter[1] a proposé en 1914 une ingénieuse théorie du gonflement basée sur l'équilibre de membrane de Donnan. D'après cette théorie, la force qui détermine l'entrée de l'eau dans un gel et, par suite, le fait gonfler, est la pression osmotique de l'excès d'ions cristalloïdes contenus dans le gel sur ceux qui sont à l'extérieur, cet excès résultant d'un équilibre de Donnan. La force antagoniste qui limite le gonflement est la cohésion des particules colloïdales. Le dernier travail sur cette question est de Procter et Wilson.

D'après Procter, l'ion de gélatine qui entre

---

1. Procter (H. R.), *J. Chem. Soc.*, t. CV, p. 313, 1914. Procter (H. R.), et Wilson (J. A.), *J. Chem. Soc.*, t. CIX, p. 307, 1916.

dans la constitution d'une gelée de chlorure de gélatine, ne peut diffuser et par suite ne peut exercer de pression osmotique, tandis que les anions chlore qui lui sont combinés sont retenus dans cette gelée par l'attraction électrostatique de l'ion de gélatine, mais exercent une pression osmotique. Cette différence dans les diffusibilités des deux ions opposés de chlorure de gélatine donne lieu à l'établissement d'un équilibre de membrane de Donnan.

Procter mettait un chlorure de gélatine solide dans une solution aqueuse de HCl, et déterminait par titrage la distribution du HCl libre à l'intérieur et à l'extérieur du gel quand l'équilibre était établi. Dans ce cas, il existe à l'intérieur du gel du HCl libre et du chlorure de gélatine, et à l'extérieur du HCl seulement : la concentration relative du HCl libre en dedans et en dehors, quand l'équilibre est établi, est déterminée par l'équation d'équilibre de Donnan

$$x^2 = y\,(v + z) \tag{1}$$

où x est la concentration des ions H et Cl dans le liquide extérieur, y la concentration des mêmes ions dans le HCl libre à l'intérieur du gel, et z la concentration des ions Cl combinés avec le cation de gélatine. On peut déterminer expérimentalement x et y et calculer z au moyen de l'équation. Autrement dit, la distribution des ions H et Cl des deux côtés de la surface limite est telle que le produit des concentrations du couple d'ions de charges opposées soit le même des deux côtés.

« Le sel de gélatine, comme les autres sels, est fortement ionisé en un anion et en un cation colloïdal qui, en raison de sa polymérisation, ou pour toute autre cause particulière à l'état colloïdal, ne peut diffuser et n'exerce pas de pression òsmotique mesurable, tandis que son anion retenu dans la gelée par l'attraction électrochimique de l'ion colloïdal, exerce une pression osmotique qui, d'une part, détermine le gonflement de la masse avec absorption du liquide extérieur, et d'autre part, chasse de cette solution absorbée une partie de l'acide, anion et ion H tout ensemble, de façon à produire un équilibre tel que la gelée soit plus pauvre en ions H et plus riche en anions que le liquide acide extérieur, la différence de concentration entre l'anion et l'ion H dans la gelée étant naturellement égale à la concentration de l'anion ionisé du sel de gélatine, et étant électriquement équilibrée par les ions positifs de gélatine ; la concentration des ions H dans la gelée est de son côté moindre que dans le liquide par suite de la quantité d'acide chassée[1]. »

En établissant une relation entre les volumes du gel et les valeurs observées de x et de y, Procter et Wilson ont pu calculer l'effet de différentes concentrations de HCl sur le gonflement de là gélatine et ils ont pu montrer pourquoi ce gonflement s'accroît d'abord par addition d'acide, passe par un maximum, et décroît par addition d'une plus grande quantité d'acide ; ils ont pu expliquer également pourquoi l'addition d'un sel neutre détermine une diminution du gonflement.

Il est important de rechercher pourquoi cette

---

1. Procter (H.-R.), et Wilson (J.-A.), *J. Chem. Soc.*, t. CIX, pp. 309-310, 1916.

théorie du gonflement n'a pas été admise et n'a
été que rarement citée dans la littérature des colloïdes. En premier lieu, l'application de la théorie
de Donnan aux propriétés des protéines exige
qu'on admette que les protéines forment avec les
acides et les bases de véritables sels, et que ces
sels sont dissociés électrolytiquement, en un ion
de protéine et un anion ou un cation cristalloïde ;
une telle hypothèse était en contradiction avec
celle de l'adsorption admise par les chimistes qui
s'occupent des colloïdes. De plus, l'application
aux protéines de la théorie de Donnan implique
tacitement que seuls peuvent avoir une influence
sur les protéines, la valence et le signe de la
charge des ions tandis que leur nature même n'a
aucune importance, et ceci est en désaccord avec
la croyance aux séries d'ions d'Hofmeister. D'ailleurs, même des auteurs comme Robertson, qui
fut un champion de la conception purement chimique des propriétés des protéines, ont refusé
d'accepter la théorie de Procter relative au gonflement.

« Il devrait y avoir une différence de potentiel
mesurable entre la gelée de gélatine et le milieu
extérieur. Cette différence de potentiel avait été
envisagée par Ehrenberg qui n'a pu en mettre en
évidence de mesurable entre l'intérieur de la gelée
de gélatine et le milieu extérieur[1]. »

Cette lacune a été comblée par les expériences
de l'auteur qui a démontré l'existence du potentiel
en question. Il a pu non seulement donner ainsi
appui à la théorie du gonflement de Procter, mais

---

1. Robertson (T.-B.), « The Physical Chemistry of the Proteins » p. 297, New-York, Londres, Bombay, Calcutta et Madras,
1918.

il a été aussi en mesure de vérifier que les différences de potentiel à travers une membrane placée
entre une solution d'un sel de protéine et l'eau
pure, sont en parfait accord avec la théorie de
Donnan[1]. Quand nous avons une solution de sel
acide de gélatine à anion monovalent, par exemple
de chlorure de gélatine (ou de phosphate), à l'intérieur d'un sac de collodion plongé dans l'eau
pure, la concentration des ions H, et aussi celle
des anions, est différente des deux côtés de la
membrane lorsque l'équilibre osmotique est établi. L'auteur a pu montrer que les différences de
potentiel calculées d'après cette différence de concentration des ions, en partant de la formule de
Nernst, s'accordent avec les différences de potentiel observées, et que le résultat du calcul est
identique lorsqu'on prend pour base la mesure de
la différence de concentration, soit des ions H,
soit des ions Cl, des deux côtés de la membrane.
Ce dernier fait semble fournir une preuve complète de l'exactitude de la théorie de Donnan relativement à l'équilibre à travers une membrane,
et aussi une nouvelle preuve de l'exactitude d'une
conception purement chimique de la combinaison
des protéines avec les acides et les alcalis. En
effet, à moins que les protéines ne forment de véritables sels ionisés avec les acides et les alcalis,
ils ne peuvent remplir les conditions nécessaires
à l'établissement d'un équilibre de Donnan.

Il a été encore possible d'aller plus loin, du fait
que ces potentiels de membrane ont montré les
mêmes propriétés colloïdales typiques que l'on a
pu constater avec la viscosité, le gonflement et

1. Loeb (J.), *J. Gen. Pysiol.*, t. III, p. 667, 1920-21.

la pression osmotique, je veux dire que la différence de potentiel à travers la membrane diminue par addition de sels neutres et croît d'abord par addition d'acide à la protéine isoélectrique pour diminuer par addition d'une plus grande quantité d'acide. La diminution est due dans les deux cas à l'ion dont la charge est de signe opposé à celle de l'ion de protéine, et enfin l'influence de cet ion actif croît rapidement avec sa valence, tandis que les propriétés de l'ion autres que sa valence et le signe de sa charge n'ont aucun rôle. Cela étant, il n'y avait pas le moindre doute que les effets observés étaient dus exclusivement à l'équilibre de Donnan, puisque la formule de cet équilibre permettait de les prévoir mathématiquement et de les calculer.

Nous avons fait remarquer qu'une petite quantité d'acide augmente, et qu'une plus grande diminue la pression osmotique d'une solution de protéine. On a généralement attribué ce fait à l'influence de l'acide sur le degré de dispersion de la protéine en solution. L'équilibre de Donnan conduit à une distribution inégale des ions diffusibles des deux côtés de la membrane, la concentration de ces ions étant plus élevée du côté où se trouve la solution de protéine. L'auteur a pu montrer qu'il faut tenir compte de cette différence de distribution pour expliquer l'influence particulière de l'acide sur la pression osmotique des solutions de protéine : si l'on corrige la pression osmotique observée d'une telle solution de protéine de l'effet de la distribution inégale des ions cristalloïdes des deux côtés de la membrane au moyen de l'équation d'équilibre de Donnan, on trouve qu'il ne reste pratiquement plus rien à

expliquer par la théorie de la dispersion. L'influence des acides et des alcalis sur la pression
osmotique des solutions de protéine ne tient donc
pas à ce qu'ils modifient le degré de dispersion
ou l'hydratation ou toutes autres prétendues propriétés colloïdales de la protéine ; mais elle n'est
que la conséquence de l'excès de concentration
des ions cristalloïdes à l'intérieur de la solution
de protéine sur leur concentration du côté opposé.
De cette manière, toutes les modifications que les
électrolytes font subir à la pression osmotique
des solutions de protéines, peuvent être déduites
mathématiquement de l'équation d'équilibre de
Donnan et l'observation est quantitativement
d'accord dans les limites de précision des mesures
avec les valeurs calculées au moyen de cette
équation.

L'explication fournie par l'équilibre de Donnan
de l'influence des électrolytes sur la pression osmotique des solutions de protéine, nous donne aussi
le moyen de comprendre pourquoi la valence
seule des ions d'un électrolyte modifie cette propriété, sans que leur nature chimique intervienne :
l'équation d'équilibre ne dépend en effet que de
la valence de l'ion qui entre en combinaison avec
la protéine.

La raison pour laquelle la pression osmotique
ou la viscosité des solutions de protéine et le gonflement de leurs gels sont modifiés de la même
manière par les électrolytes est que ces trois propriétés sont en dernière analyse des fonctions
d'une seule et même d'entre elles, la pression
osmotique. Procter et Wilson ont montré que le
gonflement d'un gel sous l'influence d'un acide
est dû à l'accroissement de la pression osmotique

à l'intérieur du gel. L'auteur lui-même a remarqué que là où la viscosité des solutions de protéine est modifiée par les électrolytes de la même manière que leur pression osmotique, on a affaire à l'influence de ces électrolytes sur le gonflement d'agrégats solides de protéine, gonflement dû à la pression osmotique intérieure des agrégats[1]. Il résulte de la théorie de la viscosité d'Einstein que le gonflement de pareils agrégats doit faire croître la viscosité.

Ainsi donc deux lois de la chimie classique suffisent à expliquer quantitativement et mathématiquement les propriétés colloïdales des protéines, à savoir la loi des proportions définies et la théorie des équilibres de membrane de Donnan. Faire la preuve de cette double affirmation est le but des deux volumes annoncés dans la préface.

1. Loeb (J.), *J. Gen. Physiol.*, t. III, p. 827, 1920-21 ; — t. IV, pp. 73, 97, 1921-22.

CHAPITRE II

DÉMONSTRATION QUANTITATIVE DE L'EXACTITUDE DU POINT DE VUE CHIMIQUE

PRÉPARATION DES PROTÉINES DÉBARRASSÉES D'IMPURETÉS IONOGÉNIQUES

Le premier problème qui se pose au chimiste est de trouver une méthode qui lui permette de reconnaître nettement si, dans un sel, c'est un seul des ions ou tous les deux qui se combinent avec une protéine. Les méthodes anciennes ne permettaient pas de résoudre cette question : ceux qui croient à la théorie de l'adsorption admettent que les deux ions d'un sel sont adsorbés par les colloïdes, et Pauli estime que les deux ions d'un sel sont adsorbés par les molécules non ionisées des protéines [1].

Quand on met dans une solution saline un bloc de gélatine, la solution s'introduit dans les interstices qui séparent les molécules de gélatine qui le constituent. Si l'on fait fondre ce même bloc de gélatine, naturellement les deux ions du sel s'y trouvent, mais personne n'est capable de dire si ce sel était contenu dans les

---

1. Pauli (W.), *Fortschr. naturwiss. Forschung*, t. IV, p. 223, 1912.

interstices de la gélatine primitive ou s'il était
en combinaison avec la substance même. Cette
difficulté peut être résolue en se servant de gélatine solide sous forme d'une poudre à grains
très fins de dimensions à peu près égales.
Quand on met quelque temps une telle poudre
dans une solution saline, on peut reconnaître
avec certitude, après lavage, si un seul des ions
ou tous les deux se sont combinés à la gélatine.
Après avoir mis en contact pendant environ une
heure une petite quantité de poudre de gélatine
avec une solution saline, on la jette sur un filtre,
et on la lave en l'agitant environ six fois ou plus
avec 25 centimètres cubes d'eau distillée glacée.
L'eau doit être refroidie pour que les grains ne
se collent pas, ce qui rendrait le lavage inopé-
rant. De cette manière, il est possible d'enlever
la solution saline interposée entre les grains sans
enlever les ions qui ont contracté avec la gélatine une combinaison chimique, tout au moins si
l'on se borne à six lavages. En employant cette
méthode on peut se rendre compte si un seul
des ions de charges opposées du sel ou tous les
deux sont entrés en combinaison avec la gélatine.

Ces expériences montrent que, pour une concentration donnée en ions H, tantôt l'anion seul,
et tantôt le cation se combine à la gélatine, et
quelquefois ni l'un ni l'autre ; il ne dépend que
de la concentration en ions H que se produise
l'une de ces trois alternatives [1].

Les protéines sont des électrolytes amphotères
qui existent à trois états différents selon la con-

1. Loeb (J.), *J. Gen. Physiol.*, t. I, pp. 39, 237, 1918-19. *Science,*
t. LII, p. 449, 1920. *J. Chim. physique*, t. XVIII, p. 283, 1920.

centration en ions H, à savoir : (*a*) à l'état de protéine isoélectrique ou non ionogénique ; (*b*) à l'état de protéinates métalliques, par exemple de protéinate de Na ou de Ca, et (*c*) à l'état de sels acides de protéine, par exemple de chlorure, de sulfate, etc., de protéine. Nous prendrons comme exemple la gélatine. Pour une concentration définie en ions H, qui sera celle du point isoélectrique, soit $10^{-4,7}$ n dans le cas de la gélatine (ou en employant le symbole logarithmique de Sörensen, pH $= 4,7$) la gélatine ne peut se combiner pratiquement, ni à l'anion, ni au cation d'un électrolyte. Lorsque le pH est $> 4,7$, la gélatine ne peut se combiner qu'au cation, en formant alors un gélatinate métallique, par exemple, le gélatinate de Na ; pour un pH $< 4,7$, la gélatine ne se combine qu'à l'anion, en formant, par exemple, un chlorure de gélatine. C'est ce qu'on montre de la manière suivante : des quantités de 1 gramme chacune de gélatine commerciale en poudre fine (traversant les mailles de tamis n° 60, mais non les mailles n° 80) qui avait un pH de 7,0, furent portées à des concentrations diverses en ions H par contact pendant une heure à environ 15° C. avec 100 centimètres cubes de solution de HNO^3, dont la concentration variait de $m/8192$ à $m/8$. En raison de l'équilibre de Donnan, la concentration d'ions H à l'intérieur d'un grain de gélatine est plus faible qu'à l'extérieur. Après cette opération, chaque quantité de 1 gramme de gélatine fut mise sur un filtre afin de permettre l'écoulement de l'acide, et chaque filtre fut lavé une ou deux fois avec 25 centimètres cubes d'eau glacée (à 5° ou au-dessous), de manière à enlever la plus grande partie de l'acide qui restait entre les grains de gélatine en poudre. Ces différentes quantités de gélatine, prises égales à 1 gramme chacune, possédant maintenant des pH différents, furent mises une heure chacune, dans un vase séparé contenant du nitrate d'argent à la même concentration $m/64$, et cela à une température de 15°. Ensuite chaque quantité de gélatine en poudre fut de nouveau jetée sur filtre et lavée avec agitation six à huit fois avec 25 centimètres cubes d'eau glacée. Ce lavage avait pour but d'enlever le nitrate d'argent en solution resté entre les grains, de façon à permettre de reconnaître si l'argent était ou non en combinaison avec la gélatine, suivant qu'il n'était pas ou qu'il était enlevé par lavage (ou au moins qu'il ne se laissait enlever dans le premier cas qu'avec une extrême lenteur et avec altération du pH). Après enlèvement par l'eau glacée du nitrate non combiné à la gélatine, celle-ci était fondue à 40°, puis on y ajoutait assez d'eau pour amener à 100 centimètres cubes le volume de chaque solution de gélatine ; on déterminait au moyen du potentiomètre le pH de chaque solution, et on exposait toutes ces solutions à la lumière dans des tubes à essais alors que toutes les manipulations antérieures (sauf la détermination des pH, pour laquelle on avait prélevé une partie de la solution) avaient été faites à la chambre noire. En vingt minutes, toutes les solutions de gélatine de $pH > 4,7$, c'est-à-dire de $pH = 4,8$ et au-dessus, devenaient opaques, puis brunes et noires, quand on les exposait à une vive lumière ; toutes celles de $pH < 4.7$, c'est-à-dire de $pH = 4,6$ ou au-dessous, restaient transparentes même si elles étaient exposées à la lumière pendant des mois

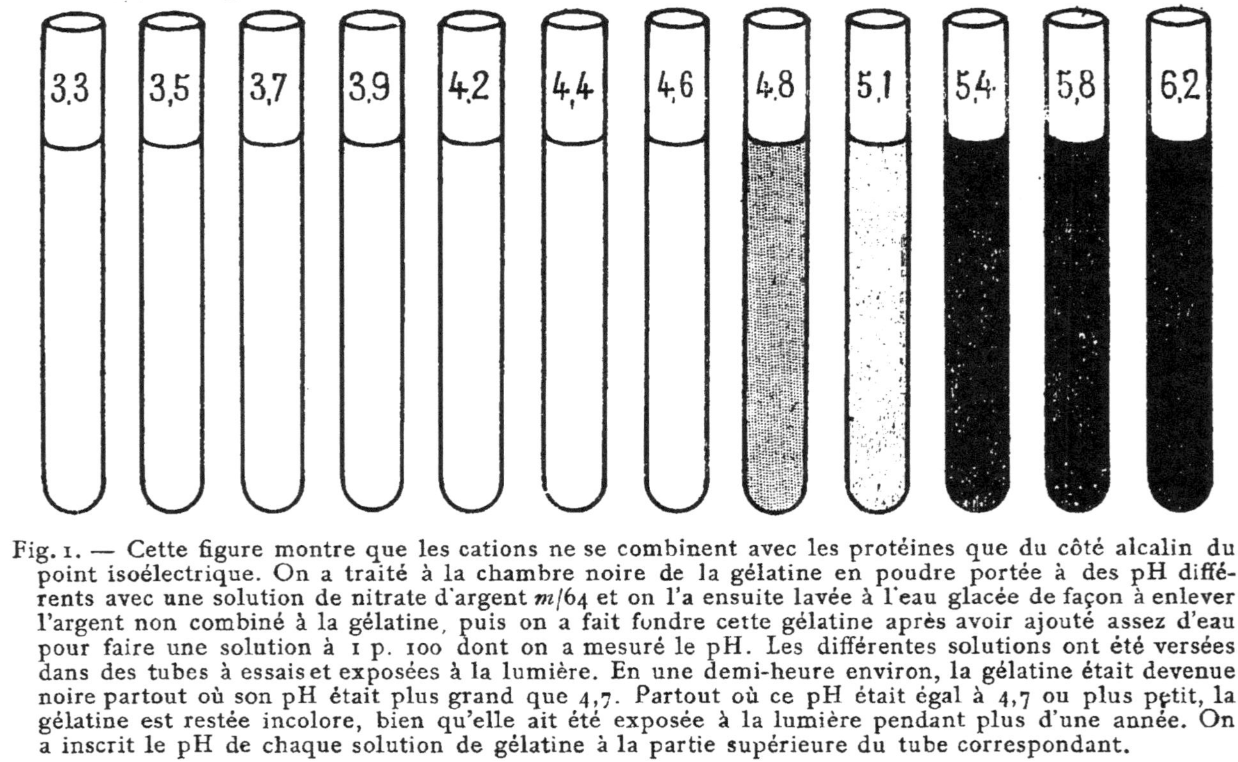

Fig. 1. — Cette figure montre que les cations ne se combinent avec les protéines que du côté alcalin du point isoélectrique. On a traité à la chambre noire de la gélatine en poudre portée à des pH différents avec une solution de nitrate d'argent $m/64$ et on l'a ensuite lavée à l'eau glacée de façon à enlever l'argent non combiné à la gélatine, puis on a fait fondre cette gélatine après avoir ajouté assez d'eau pour faire une solution à 1 p. 100 dont on a mesuré le pH. Les différentes solutions ont été versées dans des tubes à essais et exposées à la lumière. En une demi-heure environ, la gélatine était devenue noire partout où son pH était plus grand que 4,7. Partout où ce pH était égal à 4,7 ou plus petit, la gélatine est restée incolore, bien qu'elle ait été exposée à la lumière pendant plus d'une année. On a inscrit le pH de chaque solution de gélatine à la partie supérieure du tube correspondant.

ou des années (fig. 1). Les solutions de pH = 4,7 devenaient opaques, mais restaient blanches, quelque fût le temps pendant lequel on les exposait à la lumière. A ce pH (celui du point isoélectrique), la gélatine ne se combine pas avec Ag, mais elle est peu soluble. Par suite le cation Ag ne se combine chimiquement à la gélatine que lorsque le pH est $> 4,7$; pour un pH $= 4,7$ ou plus petit, la gélatine ne peut se combiner avec cet ion. C'est ce que confirme l'analyse volumétrique.

Les mêmes expériences ont été faites pour tous les autres cations dont la présence peut être aisément constatée. Ainsi lorsqu'on traite de la gélatine en poudre à différents pH par du $NiCl^2$, et qu'on enlève par lavage à l'eau glacée le $NiCl^2$ non combiné à la gélatine, la présence de Ni peut être reconnue dans toutes les solutions de gélatine de pH $> 4,7$ grâce au diméthyl-glyoxime employé comme indicateur : toutes les solutions de pH égal ou supérieur à 4,8 prennent, par l'emploi de ce réactif, une coloration cramoisie, toutes les autres restent incolores. Si, au lieu des cations Ag ou Ni, on emploie le cation Cu, en traitant par exemple la gélatine par le sulfate de cuivre et lavant ensuite, la gélatine est bleue et opaque quand le pH est égal ou supérieur à 4,8, et incolore et transparente quand le pH est $< 4,7$. Plus frappants sont les résultats obtenus avec une couleur basique, telle que la fuchsine basique ou le rouge neutre, lorsqu'on a pris soin de laver suffisamment avec de l'eau froide. Il n'y a que les solutions de gélatine de pH $> 4,7$ qui soient rouges, les autres sont incolores. Du côté acide du point isoélectrique, c'est-à-dire pour des pH $< 4,7$, la gélatine se combine avec l'anion du sel qu'on emploie. Ceci peut se démontrer par le même

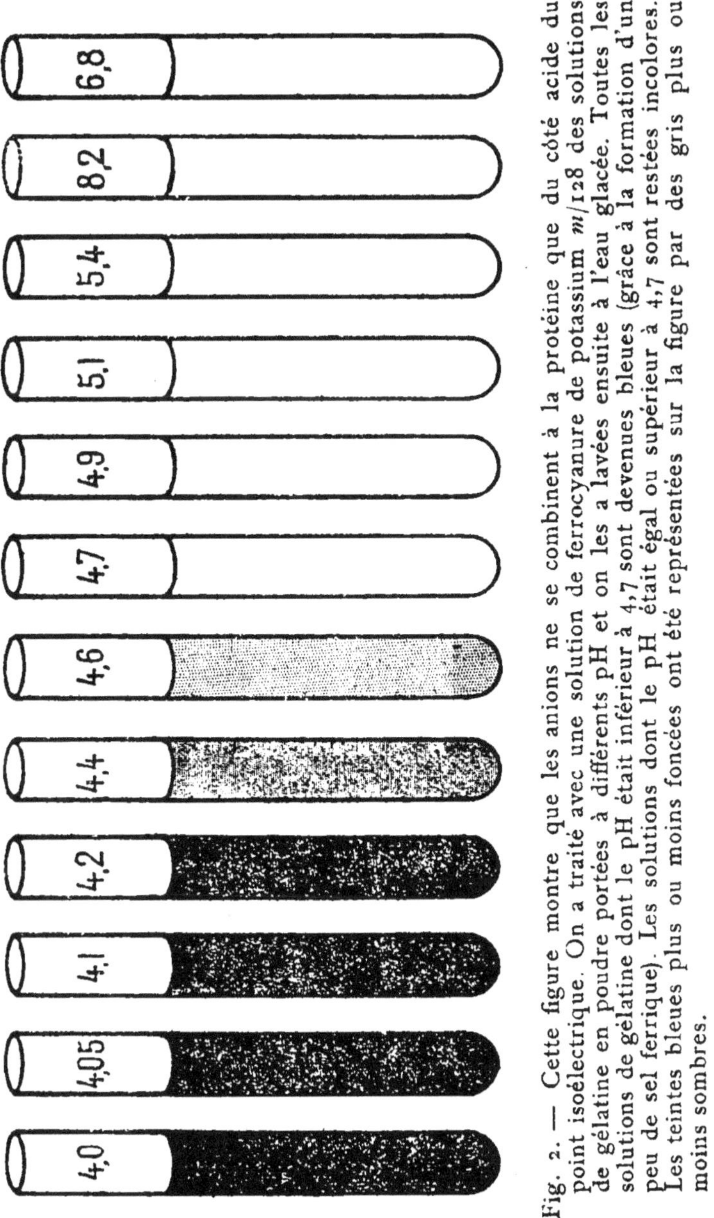

Fig. 2. — Cette figure montre que les anions ne se combinent à la protéine que du côté acide du point isoélectrique. On a traité avec une solution de ferrocyanure de potassium $m/128$ des solutions de gélatine en poudre portées à différents pH et on les a lavées ensuite à l'eau glacée. Toutes les solutions de gélatine dont le pH était inférieur à 4,7 sont devenues bleues (grâce à la formation d'un peu de sel ferrique). Les solutions dont le pH était égal ou supérieur à 4,7 sont restées incolores. Les teintes bleues plus ou moins foncées ont été représentées sur la figure par des gris plus ou moins sombres.

procédé, en portant différents échantillons de gélatine en poudre à des pH différents, et en les traitant pendant une heure avec une solution diluée d'un sel dont l'anion est aisément reconnaissable, comme par exemple $K^4Fe(CN)^6$ $m/128$. Si après ce traitement on lave au moins six fois la gélatine en poudre avec de l'eau refroidie pour enlever l'ion $Fe(CN)^6$ là où il n'est pas en combinaison chimique avec la gélatine, et si l'on fait de chaque échantillon une solution à 1 p. 100, on trouve que pour les pH $< 4,7$, les solutions de gélatine deviennent bleues en quelques jours (par formation d'un sel ferrique), tandis que celles dont le pH est égal ou supérieur à 4,7 restent indéfiniment incolores (fig. 2). Ainsi la gélatine ne se combine chimiquement à l'anion $Fe(CN)^6$ que lorsque le pH est $< 4,7$. On peut faire la même démonstration en ajoutant un sel ferrique à la gélatine traitée par Na CNS, l'anion CNS ne se combinant à la gélatine que pour les pH $< 4,7$. Les couleurs acides comme la fuchsine acide ne se combinent à la gélatine que pour des pH $< 4,7$ [1].

De cette manière on peut voir que lorsque le pH est $> 4,7$ la gélatine ne se combine qu'avec des cations et que lorsque le pH est $< 4,7$, elle ne se combine qu'avec des anions, tandis que pour un pH $= 4,7$ (point isoélectrique), elle n'entre en combinaison, ni avec les uns, ni avec les autres. L'idée que les deux sortes d'ions peuvent simultanément être adsorbés ou se com-

---

1. Dans ces expériences, il peut arriver que quelques grains isolés ne perdent pas leur couleur au point isoélectrique ou du côté alcalin de ce point, probablement par suite d'une expérimentation trop rapide. Quand la gélatine est fondue, la solution peut alors garder une trace de couleur rouge, mais la différence entre la gélatine du côté acide et du côté alcalin est assez frappante, même quand intervient cette petite erreur.

biner avec la gélatine ne peut être plus long-temps soutenue, puisque dans cette hypothèse la présence des deux ions d'un sel aurait pu être démontrée des deux côtés du point isoélectrique.

Il résulte donc de ceci qu'une solution de protéine n'est pas suffisamment définie par sa concentration en cette matière, mais qu'il y a lieu de connaître aussi la concentration en ions H, puisque chaque protéine se présente sous trois formes (peut être isomères) selon cette concentration en ions H.

Revenons maintenant à l'expérience dans laquelle des échantillons de gélatine en poudre, après avoir été portés à des pH différents, étaient traités pendant une heure par une même solution de Ag NO^3 $n/64$, et ensuite lavés. L'exposition à la lumière nous faisait voir dans ce cas qu'un gélatinate d'argent n'existait que du côté alcalin du point isoélectrique, puisque de ce côté seul la gélatine noircissait. Si nous ajoutons maintenant aux solutions de gélatine dont le pH est égal ou inférieur à 4,6, assez d'alcali pour rendre ce pH égal ou supérieur à 4,8, elles ne vont pas noircir par exposition à la lumière ; elles ne contenaient donc aucune quantité décelable d'argent[1]. On eût pu supposer que la gélatine de pH inférieur à 4,6 contenait Ag sous forme non ionogénique ; s'il en était ainsi, il se fût décelé par

---

1. L'exposé dogmatique de nos résultats n'est qu'approximativement correct, puisqu'une trace d'anion peut, théoriquement au moins, se combiner aussi du côté alcalin du point isoélectrique, ainsi qu'une trace de cation du côté acide, tant au moins qu'on est au voisinage du point isoélectrique. En fait toutefois, l'expérience ne permet d'en rien déceler, bien que la théorie des électrolytes amphotères indique que cela doit être.

un noircissement lorsqu'on ajoutait assez d'alcali pour rendre le pH $>$ 4,7.

Si nous portons la gélatine en poudre de pH $>$ 4,7 qui a été traitée par $Ag\ NO^3$ m/64, et convenablement lavée, à un pH égal ou inférieur à 4,7, l'argent qui était combiné à la gélatine peut être enlevé par lavage à l'eau glacée et alors la gélatine ne noircira pas ensuite quand on l'exposera à la lumière, à la condition que le lavage ait été suffisant.

Si nous mettons entre crochets le symbole de cette partie de la molécule de gélatine qui ne peut réagir avec d'autres électrolytes, et en dehors des crochets la partie qui le peut, nous arriverons à représenter nos résultats de la manière suivante :

Une gélatine isoélectrique aura tout son symbole à l'intérieur des crochets, ce qui veut dire qu'au point isoélectrique la gélatine ne se combine ni aux anions ni aux cations :

$$\left[R {\begin{array}{l} -\ NH^2 \\ -\ COOH \end{array}} \right]$$

Du côté alcalin du point isoélectrique, il n'y a que les groupes COOH de la molécule qui puissent réagir avec d'autres substances, et nous pourrons représenter la molécule de protéine de ce côté sous la forme suivante :

$$\left[R {\begin{array}{l} -\ NH^2 \end{array}} \right. -\ COOH$$

Des protéines à cet état se comportent comme de simples acides gras (probablement polybasiques), le reste de la molécule ne prenant pas part à la réaction. En présence d'un hydroxyde, par exemple NaOH, il se forme un protéinate de sodium :

$$\left[R \begin{array}{l} - NH^2 \\ - COOH \end{array}\right] + Na\,OH = \left[R \begin{array}{l} - NH^2 \\ - COONa \end{array}\right] + H^2O$$

et ce protéinate de sodium se dissocie électrolytiquement en un anion de protéine et un ion $\overset{+}{N}a$.

$$\left[R \begin{array}{l} - NH^2 \\ - COONa \end{array}\right] \rightleftarrows \left[R \begin{array}{l} - NH^2 \\ - \overset{-}{COO} \end{array}\right] + \overset{+}{Na}.$$

Si l'on est en présence d'autres électrolytes, ils peuvent naturellement échanger leur cation avec le Na du sel de protéine. Notre symbole ne comporte qu'un seul groupe COOH; mais il est certain, qu'en règle générale, il y a dans une molécule de protéine plusieurs groupes de cette sorte capables de se combiner à des alcalis (Bugarszky et Liebermann, Sackur, Robertson, Sörensen, Pauli, Northrop [1]).

Du côté acide du point isoélectrique, il n'y a que les groupes NH^2 de la molécule qui puissent réagir avec d'autres corps, et nous pouvons représenter la molécule de protéine de ce côté de la manière suivante :

$$\left[R \begin{array}{l} - NH^2 \\ - COOH \end{array}\right]$$

---

1. Northrop (J.-H.), *J. Gen. Physiol.*, t. III, p. 715 ; 1920-21.

Sous cette forme, la protéine se comporte comme NH^3 qui, d'après Werner[1], est capable de se combiner à un acide, par exemple HCl, l'ion H de l'acide se liant directement à N, tandis que Cl reste hors du cycle des 4 H de la manière suivante :

$$\begin{matrix} H \\ HNHCl. \\ H \end{matrix}$$

G.-N. Lewis[2], W. Kossel[3], Langmuir[4] ont montré que l'idée de Werner est en parfaite harmonie avec la conception électronique des combinaisons moléculaires, et nous donnerons dans cet ouvrage la preuve directe que cela s'applique aux protéines. Nous pouvons donc dire que du côté acide du point isoélectrique, la particule de protéine peut adjoindre de l'acide à ses groupes NH^2 de la manière suivante :

$$\left[R \genfrac{}{}{0pt}{}{-\,NH^2}{-\,COOH}\right] + HCl = \left[R \genfrac{}{}{0pt}{}{-\,NH^2\,HCl}{-\,COOH}\right]$$

Ce corps se dissocie électrolytiquement en un cation de protéine et en un anion.

$$\left[R \genfrac{}{}{0pt}{}{-\,NH^3Cl}{-\,COOH}\right] \rightleftarrows \left[R \genfrac{}{}{0pt}{}{-\,\overset{+}{N}H^3}{-\,COOH}\right] + \overline{Cl}$$

1. Werner (A.), « Neuere Anschauungen auf dem Gebiete der anorganischen Chemie, 3ᵉ éd., Brunswick, 1913.

2. Kossel (W.), *Ann. d. Physik.*, t. IL, p. 229; 1916.

3. Langmuir (I.), *J. Am. Chem. Soc.*, t. XII, p. 868; 1919.

4. Lewis (G.-N.), *J. Am. Chem. Soc.*, t. XXXVIII, p. 762; 1916.

Bien que notre symbole ne figure qu'un seul groupe NH^2 dans les molécules, il est certain qu'il y a plusieurs groupes NH^2 ou NH qui sont capables de s'ajouter une molécule acide.

La simplification de la chimie générale des protéines qui résulte de ces expériences est considérable. Nous n'avons qu'à nous rappeler que, du côté alcalin de son point isoélectrique, la protéine se comporte comme si elle était entièrement ou essentiellement formée d'un acide gras n'ayant sous forme chimique active que des groupes $COOH$, tandis que, du côté acide de ce point isoélectrique, nous pouvons négliger l'énorme molécule de protéine et admettre que la protéine ne consiste qu'en un ensemble de groupes NH^2 dont chacun peut s'ajouter l'ion H d'un acide.

Il est possible, mais non démontré, que la différence dans les propriétés des protéines des deux côtés du point isoélectrique soit accompagnée d'une modification intra-moléculaire de la protéine et que l'anion d'un protéinate métallique ne soit qu'un isomère du cation de protéine des sels acides de protéine. Une telle hypothèse est suggérée par ce qui arrive avec les indicateurs colorés, pour lesquels la dissociation électrolytique de la molécule est accompagnée d'une modification intramoléculaire.

Si nous mélangeons un gélatinate métallique, tel que le gélatinate de Na, avec un autre sel, tel que $MgSO^4$, le Na du gélatinate métallique peut être remplacé par le Mg du $Mg\,SO^4$, ce qui donne lieu à la formation de gélatinate de Mg. Le SO^4, ne peut, lui, modifier les propriétés du gélatinate de Na, car il ne peut pratiquement se combiner à la gélatine. Mais si nous mêlons du chlorure de

gélatine avec Mg SO⁴, ce n'est que le SO⁴ seul
qui peut modifier les propriétés du sel de gélatine
en remplaçant le Cl dans le chlorure de gélatine,
et formant ainsi du sulfate de gélatine. Le Mg ne
peut donc se combiner (au moins pratiquement)
avec le chlorure de gélatine et par suite ne peut
en modifier les propriétés.

Si nous modifions le pH d'un sel acide, par
exemple du chlorure de gélatine, en y ajoutant
un alcali, tel que NaOH, il cessera d'être un
chlorure de gélatine dès que le pH atteindra 4,7,
car, pour ce pH, tout le Cl est mis en liberté par la
gélatine qui se transforme en une gélatine isoélectrique chimiquement inerte et non ionogénique et
en NaCl. La gélatine isoélectrique ne peut se combiner pratiquement ni aux anions ni aux cations. Si
nous ajoutons une plus grande quantité de NaOH,
de façon que le pH soit > 4,7, il se formera du gélatinate de Na. A aucun moment, il ne peut exister
simultanément un gélatinate métallique (comme
le gélatinate de Na) et un sel acide de gélatine
(comme le chlorure de gélatine), si l'on ne tient
pas compte de traces qui, dans le cas de la gélatine, échappent à l'examen analytique. Si nous
avons du gélatinate de Na, et que nous y ajoutions
un acide tel que HCl, le sel de gélatine mettra le
Na en liberté et deviendra de la gélatine isoélectrique dès que pH = 4,7. Cette gélatine isoélectrique est chimiquement inerte et pratiquement
incapable de se combiner aux anions ou aux cations.
L'addition d'une plus grande quantité de HCl
donnera naissance à un chlorure de gélatine.

Ces expériences montrent que les protéines se
comportent comme des électrolytes amphotères
formant avec les acides et les bases des sels définis,

mais incapables de se combiner pratiquement à la fois avec le cation et l'anion d'un sel neutre. L'hypothèse de l'existence de composés d'adsorption entre les molécules non ionisées des protéines et des molécules de sels neutres n'est pas d'accord avec ces expériences.

En 1918, l'auteur[1] a fait connaître une méthode simple de préparation de protéines exemptes de cendres ou, d'une manière peut-être plus exacte, exemptes d'impuretés ionogéniques, et qui est basée sur le fait qu'au point isoélectrique les protéines ne peuvent se combiner, ni aux anions, ni aux cations. Par suite, si nous désirons préparer de la gélatine ou de la caséine libre de toute impureté ionogénique, nous devons amener ces protéines sous forme de poudre au point isoélectrique et les y laver. Ceci est important pour les industries qui emploient les protéines aussi bien que pour le travail scientifique. Dans ses recherches, l'auteur a toujours employé des protéines isoélectriques comme matériel initial de ses expériences.

Le moyen de préparer une protéine isoélectrique est assez simple. Il n'y a qu'à déterminer, au moyen du potentiomètre, le pH d'une solution donnée de protéine et à y ajouter très progressivement autant d'acide ou d'alcali qu'il en faut pour l'amener au point isoélectrique.

Pour préparer de grandes quantités de gélatine à peu près isoélectrique, on a employé le procédé suivant : on a mis 50 grammes de gélatine commerciale en poudre de Cooper, dont le pH était compris entre 6,0 et 7,0 dans 3.000 centimètres

1. Loeb (J.), *J. Gen. Physiol.*, t. I, p. 237, 1918-19.

cubes d'acide acétique $m/128$ dans un flacon maintenu à 10° et fréquemment agité. Au bout de trente minutes, on décantait le liquide surnageant, et on ajoutait une nouvelle quantité d'acide acétique $m/128$ à 10° suffisante pour rétablir le volume primitif. On agitait le tout fréquemment et, au bout de trente minutes, on décantait à nouveau l'acide qu'on remplaçait par un égal volume d'eau distillée à 5°. On agitait alors la gélatine, on la filtrait par aspiration à travers une toile dans un entonnoir de Büchner, on lavait ensuite cinq fois sur l'entonnoir en faisant passer chaque fois un litre d'eau à 5°. Après que l'eau s'était écoulée, on transportait la gélatine de l'entonnoir dans un grand vase à précipité où on la chauffait au bain-marie vers 50° jusqu'à ce qu'elle fût fondue. On déterminait la concentration de cette gélatine par évaporation à sec en en mettant dans un four électrique 10 centimètres cubes entre 90 et 100° pendant vingt-quatre heures.

On ne trouve, dans 100 centimètres cubes d'une telle solution à 1 p. 100 de gélatine préparée de cette manière, pas plus de 1 milligramme de cendre, vraisemblablement du $Ca^3(PO^4)^2$; ce qui donne pour la concentration de ce sel, $m/30.000$. A cette concentration, le sel ne modifie pas les propriétés physiques des protéines telles que, par exemple, la pression osmotique, la viscosité, la différence de potentiel, le gonflement ou la précipitation, comme on le verra dans cet ouvrage. Voici le résultat d'une recherche de cendres faite par le Dr D.-I. Hitchcock sur un échantillon de gélatine pris au hasard. La solution mère contenait 12,69 p. 100 de gélatine :

	ÉCHANTILLON N° 1	ÉCHANTILLON N° 2
Volume de la solution.	20 cc.	10 cc.
Poids de gélatine sèche.	$2^{gr},535$	$1^{gr},269$
Poids de cendres. . .	$0^{gr},0024$	$0^{gr},0012$

La recherche qualitative a montré l'existence de Fe^{+++}, Ca^{++} et $PO^{4=}$ et n'a pas décelé de Cl^- ni de $SO^{4=}$.

Miss Field[1] a montré qu'en poursuivant plus longtemps le lavage, les dernières traces de cendres peuvent être enlevées à la gélatine en poudre. En portant de la gélatine en poudre au point isoélectrique et en la lavant avec de l'eau dont le pH est celui du point isoélectrique, on peut rapidement débarrasser complètement la gélatine de cendres. Si la protéine est soluble à ce point (comme dans le cas de l'ovalbumine cristallisée), il n'est nécessaire que de dialyser au pH isoélectrique pour obtenir une protéine débarrassée des impuretés ionogéniques[2].

Ce fait donne un nouvel appui à notre affirmation qu'au point isoélectrique, les protéines ne peuvent se combiner ni aux anions ni aux cations.

Nous devons appeler l'attention sur un fait intéressant qui est d'accord avec ces résultats ; il est depuis longtemps connu que la digestion peptique ne se produit dans la nature qu'en milieu acide. La raison de cette relation entre une réaction acide et la digestion peptique a été expliquée par

---

1. Field (A.-M.), *J. Am. Chem. Soc.*, t. XLIII, p. 667 ; 1921.

2. Le mémoire de Miss Field ainsi que celui de l'auteur ici cité n'ont pas été cité par C. R. Smith (*J. Am. Chem. Soc.*, t. XLIII, p. 1350 ; 1921) qui a aussi donné une méthode de préparation d'une gélatine privée de cendres.

Northrop[1] qui a montré que la concentration d'ions H à laquelle la pepsine commence à agir sur une protéine varie avec le point isoélectrique de celle-ci et que cette action se produit toujours du côté acide de ce point isoélectrique. Il semble résulter des expériences de Pekelharing et Ringer[2] que la pepsine est un anion comme Cl qui ne se combine qu'à un ion positif de protéine. Cette combinaison entre la pepsine et l'ion positif de protéine semble être le prélude de la destruction (ou digestion) de l'ion de protéine.

Il est bien connu que la digestion par la trypsine se produit généralement en milieu alcalin. Northrop[3] a montré que la concentration en ions H pour laquelle la trypsine commence à agir sur une protéine, varie également avec le point isoélectrique de la protéine et que l'action digestive de la trypsine ne se manifeste que du côté alcalin de ce point.

Les réactions colorées qualitatives décrites dans ce chapitre ont été faites seulement avec de la gélatine. Il est bien possible qu'en ce qui concerne les autres protéines, le point de changement des colorations puisse n'être pas aussi précis qu'avec la gélatine en poudre. Le point isoélectrique est celui où l'ionisation d'un électrolyte amphotère est à son minimum, mais elle n'est pas toujours nulle pour ce point.

1. Northrop (J.-H.), *J. Gen. Physiol.*, t. III, p. 211 ; 1920-21.

2. Pekelharing (C.-A.), et Ringer (W.-E.), *Z. physiol. Chem.*, t. LXXV, p. 282 ; 1911.

3. Northrop (J.-H.), *J. Gen. Physiol.*, t. V, n° 2 ; 1922-23.

CHAPITRE III

MÉTHODES DE DÉTERMINATION
DU POINT ISOÉLECTRIQUE DES SOLUTIONS
DE PROTÉINES

Les résultats du chapitre précédent montrent avec évidence que toutes les fois que l'on a à traiter des électrolytes amphotères, il est nécessaire de s'assurer d'abord du point isoélectrique de la substance considérée, car c'est à ce point isoélectrique que la matière peut être le plus aisément débarrassée de ses impuretés ionogéniques. Il ne peut y avoir de doute que beaucoup de substances qui présentent les propriétés colloïdales sont des électrolytes amphotères.

Hardy et Michaelis ont déterminé le point isoélectrique par des observations sur la migration des particules dans le champ électrique.

D'autres méthodes peuvent être employées dans le même but ; quelques-unes sont souvent meilleures que les méthodes primitives de Hardy. Ces méthodes sont fondées sur le fait qu'au point isoélectrique, diverses propriétés telles que la pression osmotique, la viscosité, la quantité d'alcool nécessaire pour précipiter la substance (ce qu'on appelle le nombre d'alcool de Fenn[1]), la

---

1. Fenn (W.-O.), *J. Biol. Chem.*, t. XXXIII, pp. 279 et 439, t. XXXIV, pp. 141 et 415, 1918.

conductivité, le gonflement, la différence de potentiel sont toutes au minimum. Quand on représente par des courbes les valeurs de ces propriétés en fonction des pH pris comme abscisses, les courbes montrent une chute rapide au point isoélectrique. Si donc, on porte une protéine à des pH divers par addition d'acide ou d'alcali, et si l'on mesure l'une quelconque des propriétés qui viennent d'être énumérées, le point minimum obtenu pour la propriété sur laquelle porte l'expérience, peut donner une position approchée du point isoélectrique. L'auteur a remarqué que les expériences sur la pression osmotique sont celles dont l'usage est le plus indiqué dans le cas des protéines.

Les plus anciennes expériences faites par l'auteur lui-même vont nous servir d'exemple [1]. Un certain nombre d'échantillons de gélatine de Cooper en poudre fine, pesant chacun 1 gramme, de pH un peu supérieur à 7,0, et formés en partie de gélatinate de Ca, ont été mis pendant trente minutes à 15° dans des vases contenant 100 centimètres cubes de HBr de différentes concentrations allant de $m/8$ à $m/8192$; comme témoin, 1 gramme de gélatine était mis pendant trente minutes à 15° dans 100 centimètres cubes d'eau distillée. La gélatine en poudre était ensuite placée dans un entonnoir cylindrique de façon à permettre à l'acide de s'écouler. On la lavait sur l'entonnoir six ou huit fois en l'agitant constamment, et chaque fois avec 25 centimètres cubes d'eau froide (de température ne dépassant pas 5°) pour enlever l'excès d'acide et de sels. L'eau devait être froide

---

1. Loeb (J.), *J. Gen. Physiol.*, t. I, p. 363, 1918-19.

pour que les grains de gélatine en poudre ne se
collent pas les uns aux autres, rendant ainsi le lavage in-
complet. Après l'écoulement du li-
quide du filtre, on mesurait le volume
(c'est-à-dire le gon-flement relatif de la gélatine). Puis on
mettait la gélatine à fondre à 45° et on y ajoutait assez
d'eau pour amener dans tous les cas son
volume à 100 centi-mètres cubes. On mesurait alors la
conductivité, la pression osmotique,
et la viscosité de la manière qui sera
décrite dans un cha-pitre ultérieur. On déterminait aussi le
pH, soit colorimé-triquement (ce qui donne des résultats
assez exacts avec la gélatine, mais non avec les autres protéines), soit de pré-

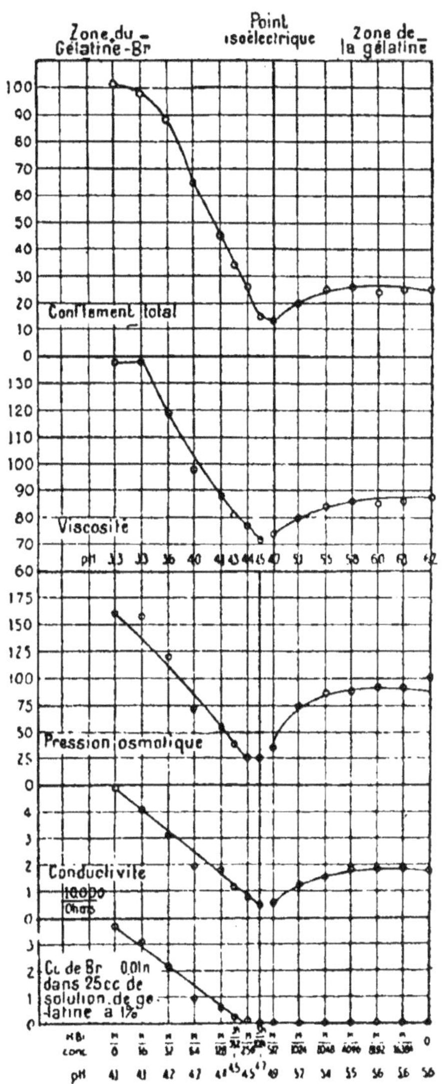

Fig. 3. — Cette figure montre que les propriétés physiques de la gélatine sont à leur minimum au point iso-électrique.

férence au moyen de l'électrode à hydrogène.
Dans l'expérience représentée par la figure 3, la

mesure du pH était faite colorimétriquement. On voit aussitôt sur cette figure que les ordonnées des courbes qui représentent la pression osmotique, la conductivité, le gonflement, etc., s'abaissent très brusquement vers le pH 4,7, c'est-à-dire au point isoélectrique de la gélatine. Par ce moyen, la position approchée du point isoélectrique peut être déterminée rien qu'en jetant un regard sur les mesures de pression osmotique, de conductivité, etc.

La courbe inférieure de la figure 3 représente le titrage du brome. La gélatine ne peut exister sous forme de bromure de gélatine que du côté acide du point isoélectrique, et le titrage du Br doit donner un résultat nul quand le pH est supérieur à 4,7. La courbe montre en effet que l'on ne trouve pas de Br lorsque le pH est égal ou supérieur à 4,7, tandis que, du côté acide de ce point, la quantité de Br augmente à mesure que le pH s'abaisse. Du côté alcalin du point isoélectrique, la gélatine existe à l'état de gélatinate de Ca. Dans cette expérience, la masse de gélatine diminue par dissolution et lavage jusqu'à $0^{gr},8$, ou peut être un peu moins.

Nous verrons plus loin que lorsqu'on met en solution acide, par exemple dans HBr $n/100$ ou $n/1000$, de la gélatine en poudre, la concentration de l'acide est beaucoup plus faible dans les grains de gélatine que dans le liquide qui les entoure. Cela est dû à l'établissement d'un équilibre de Donnan.

CHAPITRE IV

PREUVE QUANTITATIVE DE L'EXACTITUDE DU POINT DE VUE CHIMIQUE

I. — Nature des composés formés par les protéines isoélectriques avec les acides

Les expériences quantitatives du chapitre II ne nous ont pas permis de décider si les ions se combinent avec les protéines en proportions définies (c'est-à-dire en raison de forces purement chimiques de valence primaire), ou selon la règle empirique d'adsorption, ccmme l'admettait la chimie des colloïdes. On peut résoudre la question d'abord en étudiant la nature du composé formé par la protéine isoélectrique avec les acides, et, en second lieu, au moyen de courbes de titrage [1]. Nous allons entreprendre d'abord l'étude de la nature des sels acides de protéine.

Nos solutions contiennent généralement 1 gr. de protéine isoélectrique dans 100 centimètres cubes et nous les appelons des solutions de protéine à 1 p. 100. Lorsque nous parlerons de solutions de sulfate d'albumine ou de chlorure de gélatine à 1 p. 100, cela voudra dire que 1 gramme d'albumine ou de gélatine, prise à l'état isoélectrique, se trouve dans 100 centimètres cubes de la

1. Loeb (J.), *J. Gen. Physiol.*, t. I, p. 559 ; 1918-19 ; t. III, p. 85 ; 1920-21.

solution. La concentration de la solution mère de gélatine, d'albumine, ou de caséine isoélectrique, se détermine par pesée du résidu sec de la solution.

Lorsqu'on ajoute à la même quantité de protéine, c'est-à-dire à 1 gramme de gélatine isoélectrique ou d'ovalbumine cristallisée, des quantités différentes d'acide 0,1 n, par exemple de HCl, en portant le volume de la solution toujours à 100 centimètres cubes, on remarque que la concentration en ions H de la solution qu'on obtient est différente de celle que l'on aurait obtenu en ajoutant la même quantité d'acide à la même quantité d'eau pure. La raison en est qu'une partie de l'acide se combine à la protéine. comme l'ont suggéré les premiers Bugarszky et Liebermann [1]. Selon l'idée de Werner [2], HCl doit se combiner avec les groupes NH^2 de la molécule de protéine comme il se combinerait à NH^3 en formant un sel du type RNH^3 Cl. Ceci s'explique en s'appuyant sur les théories récentes de G.-N. Lewis [3], Kossel [4] et Langmuir [5]. Le chlorure de gélatine peut donc être considéré comme électrolytiquement dissocié ainsi :

$$\text{Gélatine } NH^3Cl \rightleftharpoons \text{Gélatine } N\overset{+}{H}^3 + \overset{-}{Cl}.$$

Par suite, la concentration des ions Cl libres dans une solution aqueuse de HCl resterait la

---

1. Bugarszky (S.), et Liebermann (L.), *Arch. Gen. Physiol.*, t. LXXII p. 51, 1898.

2. Werner (A.), « Neuere Anschauungen auf dem Gebiete der anorganischen Chemie » 3e éd., Brunswick, 1913.

3. Lewis (G.-N.), *J. Am. Chem. Soc.*, t. XXXVIII, p. 762, 1916.

4. Kossel (W.), *Ann. Physik*, t. XXXXIX, p. 229, 1916.

5. Langmuir (J.), *J. Am. Chem. Soc.*, t. XLI, p. 868; 1919, t. XLII, p. 274, 1920.

même si l'on y ajoutait une petite quantité de gélatine isoélectrique, à condition que la dissociation électrolytique fût complète. C'est ce que l'on a cherché à vérifier en comparant le pCl des solutions de HCl avec et sans gélatine (Table I). On mesurait électrométriquement à

TABLE I

CENTIMÈTRES CUBES de HCl o,1 n dans 100 cent. cubes de solution.	SOLUTION SANS GÉLATINE		SOLUTION CONTENANT I GRAMME DE GÉLATINE ISOÉLECTRIQUE DANS 100 CENT. CUBES	
	pH	pCl	pH	pCl
1	2	3	4	5
2	2,72	2,72	4,2	2,68
3	2,52	2,54	4,0	2,53
4	2,41	2,39	...	...
5	2,31	2,29	3,60	2,33
6	2,24	2,26	3,41	2,25
7	2,16	2,18	3,23	2,18
8	2,11	2,12	3,07	2,11
10	2,01	2,01	2,78	2,025
15	1,85	1,85	2,30	1,845
20	1,72	1,76	2,06	1,76
30	1,55	1,59	1,78	1,60
40	1,43	1,47	1,61	1,47

la fois le pH et le pCl. On a employé pour mesurer les concentrations en ions H l'électrode à hydrogène, et pour les mesures de concentration d'ions Cl les électrodes au calomel.

La table I fait connaître les résultats obtenus, Dans la colonne 1 de cette table se trouvent les nombres de centimètres cubes de HCl o,1 *n* introduits dans 100 centimètres cubes de solution. La colonne 2 indique le pH et la colonne 3 le pCl de la solution aqueuse de HCl sans gélatine. Comme on pouvait le prévoir, le pH et le pCl sont identiques dans les limites d'erreurs des expériences. Les colonnes 4 et 5 font connaître le pH et le pCl obtenus quand l'acide est introduit dans 100 centimètres cubes d'une solution à 1 p. 100 de gélatine prise à l'état isoélectrique, au lieu de se trouver dissous dans une eau sans gélatine. En comparant la colonne 5 avec la colonne 3, on remarquera que le pCl est le même en présence ou en l'absence de gélatine, celle-ci étant prise à l'état isoélectrique. En comparant les colonnes 3 et 4, on verra que le pH au contraire est plus petit dans la solution sans gélatine que dans celle qui en contient.

Ces faits prouvent que HCl se combine à la gélatine de la manière que suggère la théorie de Werner, c'est-à-dire qu'une partie des ions H de HCl entre dans un cation complexe de gélatine du type gélatine-$\overset{+}{N}H^3$, tandis que la protéine ne change rien à la condition des ions Cl. L'addition de HCl à une gélatine isoélectrique a produit un effet semblable à celui d'une addition de HCl libre à NH^3. Dans le premier cas, il se forme un chlorure de gélatine, comme dans l'autre, il se forme un chlorure d'ammonium. Il y a d'ailleurs entre les deux cas cette différence que le chlorure d'ammonium n'est que faiblement hydrolysé, tandis que l'hydrolyse du chlorure de gélatine est considérable. Cette hydrolyse joue un rôle important, car il en résulte qu'il doit toujours y avoir un équilibre défini entre l'acide libre, le sel chlorure de gélatine dissocié et la gélatine isoélectrique non ionisée.

On a trouvé que, toutes les fois qu'une même quantité d'acide était ajoutée à une même quantité (par exemple 1 gramme) de gélatine prise à l'état isoélectrique, de façon à donner par addition d'eau un volume total de 100 centimètres cubes, le pH de la solution était toujours le même, de sorte que nous pouvons dire quelle est la quantité de Cl qui se combine à la protéine si nous connaissons le pH de la solution de chlorure de gélatine et la concentration de la gélatine prise à l'état isoélectrique. Plus le pH s'abaisse, plus s'accroît la quantité de chlore en combinaison avec la protéine, jusqu'au moment où toute la protéine est transformée en chlorure de protéine. Quand on ajoute de l'alcali à une gélatine isoélectrique, il s'établit un équilibre entre le protéinate métallique, la protéine non ionisée et l'alcali libre (au-dessus de pH = 4,7). Des résultats semblables ont été obtenus par Sörensen[1].

Ces expériences montrent ainsi que les acides se combinent à la protéine de la même manière qu'avec les bases cristallines, comme par exemple NH^3 ou les acides aminés.

II. — COURBES DE TITRAGE DES PROTÉINES VRAIES AVEC LES ACIDES

On peut montrer par des expériences de titrage que les acides et les bases se combinent avec les protéines de la même manière qu'avec les substances cristallisées, c'est-à-dire grâce à des forces purement chimiques de valence primaire. On sait que les acides bibasiques ou tribasiques

---

1. Sörensen (S.-P.-L.), « Studies on proteins ». *Comp. rend. trav. Lab. Carlsberg*, t. XII, Copenhague, 1915-17.

faibles libèrent plus aisément un seul ion H que les deux ou trois qu'ils peuvent donner, et qu'il dépend de la concentration en ions H de la solution que 1, 2 ou 3 ions H soient dissociés dans un acide tribasique faible. Ainsi H^3PO^4 ne donne qu'un seul ion H tant que le pH est inférieur à 4,6. L'acide oxalique, qui est un acide plus fort, se comporte comme un acide monobasique au-dessous de pH $= 3,0$ environ [1], tandis qu'au-dessus de cette valeur, il se comporte de plus en plus comme un acide bibasique. Avec un acide bibasique fort, tel que H^2SO^4, les deux ions H sont retenus par une force électrostatique si petite que, même pour un pH $= 3,0$ ou beaucoup plus petit encore, l'acide se comporte comme bibasique. Si les forces qui déterminent la réaction entre ces acides et les protéines sont purement chimiques, il doit en résulter qu'il faut pour porter 100 centimètres cubes d'une solution à 1 p. 100 de gélatine isoélectrique à un pH donné inférieur à 4,6 (3,0 par exemple), trois fois autant de centimètres cubes de H^3PO^4 0,1 n que de centimètres cubes de HNO^3 ou de HCl, tandis qu'il faut exactement autant de centimètres cubes de H^2SO^4 0,1 n que de HCl de même titre. Pour porter la gélatine isoélectrique à un pH $= 3,0$ ou plus petit, il doit falloir deux fois autant de centimètres cubes d'acide oxalique 0,1 n que de HCl. On peut voir que ces prévisions se réalisent [2]. Dans ces expériences, on doit

---

1. Hildebrand (J.-H.), *J. Am. Chem. Soc.*, t. XXXV, p. 847, 1913. Voir aussi Michaelis (L.), « Die Wasserstoffionenkoncentration », Berlin, 1914 ; Clark (W.-M.), « The Determination of Hydrogen Ions », Baltimore, 1920.

2. Les expériences qui seront décrites sont de Loeb (J.), *J. Gen. Physiol.*, t. III, p. 85, 1920-21.

employer des protéines isoélectriques soigneusement préparées, aussi pures que possible de toute impureté ionogénique.

On a préparè de l'ovalbumine cristallisée d'après la méthode de Sörensen [1], et on l'a fait cristalliser trois fois. La seule différence de préparation était dans la dialyse. Au lieu de mettre l'eau sous pression négative, comme le faisait Sörensen, on a mis l'ovalbumine sous pression en attachant au sac de dialyse un long tube de verre plein d'eau qui tenait la solution sous une pression d'environ 150 centimètres d'eau pendant l'opération. Cela était nécessaire pour éviter un trop grand accroissement de volume. La même solution mère d'albumine a servi pour toutes les expériences, et était diluée chaque fois de façon à donner une solution à 1 p. 100. La concentration du sulfate d'ammonium restant en solution était entre $m/1000$ et $m/2000$, le pH de la solution mère était environ 5,20. En ajoutant environ 1 centimètre cube de HCl 0,1 n à 100 centimètres cubes d'une solution à 1 p. 100 de cette albumine, on la portait au point isoélectrique de l'ovalbumine, qui est, d'après Sörensen, pH $= 4,8$.

On préparait les solutions à 1 p. 100 avec différentes quantités d'acide ou d'alcali, et on mesurait le pH de ces solutions au moyen de l'électromètre. On a représenté dans la figure 4 les courbes de titrage, dans lesquelles les pH servent d'abscisses, et où les nombres de centimètres cubes d'acide 0,1 n nécessaires pour amener à différents pH les solutions à 1 p. 100 d'oval-

---

1. Sörensen (S.-P.-L.), « Studies on proteins ». *Compt. rend. trav. Lab. Calrsberg*, t. XII, Copenhague, 1915-17.

bumine cristallisée primitivement isoélectrique, sont portées en ordonnées. Ces courbes représentent les résultats du titrage pour les quatre acides chlorhydrique, sulfurique, phosphorique

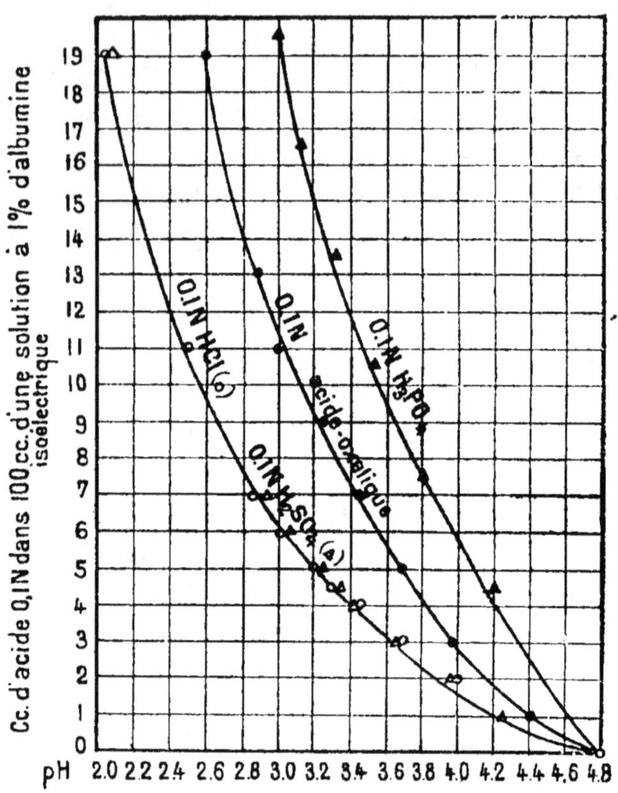

Fig. 4. — Les ordonnées représentent le nombre de centimètres cubes des acides chlorhydrique, sulfurique, oxalique et phosphorique 0,1 *n* nécessaires pour amener 1 gramme d'ovalbumine cristallisée isoélectrique aux pH indiqués sur l'axe des abscisses. Les mélanges d'albumine et d'acide étaient additionnés d'eau de façon à atteindre un volume de 100 centimètres cubes. A pH égal, les ordonnées relatives aux acides chlorhydrique, sulfurique et phosphorique sont approximativement dans le rapport 1 : 1 : 3. Le rapport des ordonnées relatives à l'acide chlorhydrique et à l'acide oxalique est un peu moindre que 1/2 lorsque le pH est supérieur à 3,0.

et oxalique. En commençant par la courbe inférieure, nous remarquerons qu'elle est identique pour HCl 0,1 n et pour H^2SO^4 0,1 n qui sont tous deux des acides forts ; autrement dit, HCl et H^2SO^4 se combinent à l'ovalbumine en proportions équivalentes. La courbe de H^3PO^4 est la plus élevée, et si nous comparons les quantités de H^3PO^4 avec celles de HCl (ou de H^2SO^4), nous remarquerons que, à pH égal, les ordonnées sont pour H^3PO^4 presque trois fois aussi grandes que pour HCl, autant que permet de le voir l'exactitude de nos mesures. Cela fait penser que l'acide phosphorique se combine à l'albumine (dans la zone de pH où se limite l'expérience) en proportions moléculaires, et que l'anion du phosphate d'albumine est l'anion monovalent H^2PO^4.

Les valeurs trouvées pour l'acide oxalique pour des pH inférieurs à 3,2 sont presque, mais pas tout à fait doubles de celles de HCl, ce qui montre que, pour ces valeurs de pH, l'acide oxalique se combine pour la plus grande partie à l'état moléculaire, et seulement pour une petite partie en proportions équivalentes avec l'albumine.

Ces rapports de combinaison des quatre acides avec l'ovalbumine cristallisée sont donc les mêmes que l'on trouverait si on substituait la base cristalloïde NH^3 à l'ovalbumine cristallisée en limitant les titrages dans la même zone de pH.

Au moyen des courbes qui viennent d'être présentées, on peut aisément calculer la quantité d'acide en combinaison avec 1 gramme d'ovalbumine cristallisée prise à l'état isoélectrique dans une solution à 1 p. 100 de cette protéine à différents pH. Admettons que l'acide ainsi combiné à l'ovalbumine isoélectrique soit HCl. Si, par exemple, pour un pH = 3,0, il y a 6 centimètres cubes de HCl 0,1 n dans 100 centimètres cubes de la solution à 1 p. 100 d'albumine primitivement isoélectrique (comme l'indique la

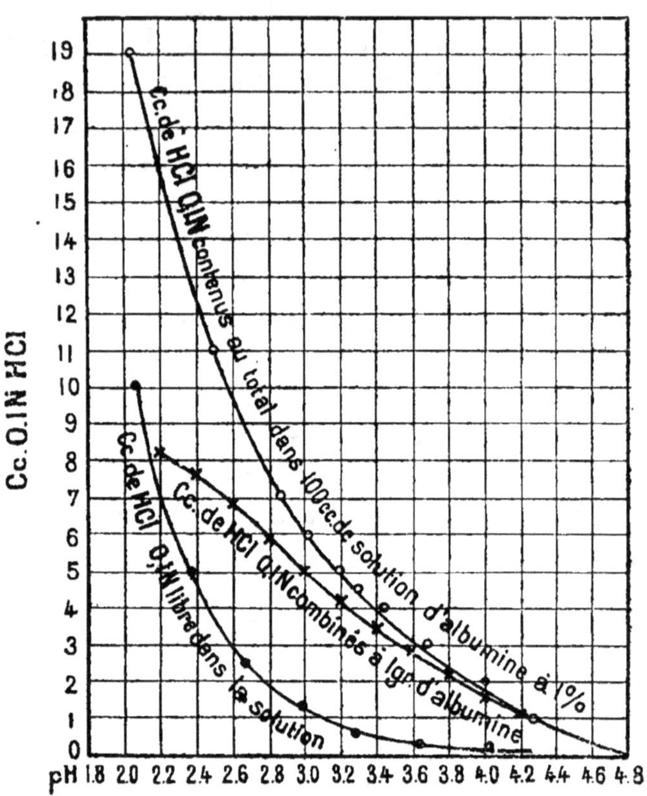

Fig. 5. — Détermination graphique de la quantité d'acide qui se combine à 1 gramme d'albumine au moyen d'une courbe de titrage d'acide total et d'une courbe d'acide libre.

figure 4), une partie de l'acide est combinée à l'albumine et l'autre partie est libre. La quantité libre est connue d'après le pH de la solution de chlorure d'albumine ; c'est dans l'exemple choisi 1 centimètre cube puisque le pH = 3,0 (fig. 4). Si l'on déduit ce 1 centimètre cube des 6 centimètres cubes, il reste, pour ce pH, 5 centimètres cubes de HCl 0,1 n combinés avec le gramme d'ovalbumine cristallisée primitivement isoélectrique dans les 100 centimètres cubes de solution (fig. 5). On peut construire une courbe dont les abscisses seront les pH, et les ordonnées, les centimètres cubes de HCl 0,1 n contenus dans 100 centimètres cubes de solution aqueuse *sans protéine*. Les pH de ces solutions aqueuses sans albumine sont aussi déterminés au moyen de l'électrode à hydrogène. En déduisant les ordonnées de cette dernière courbe de celles de la courbe de titrage de la figure 4 relative au chlorure d'albumine, on obtient une courbe dont les ordonnées font connaître le nombre de centimètres cubes de HCl 0,1 n réellement combinés à 1 gramme d'albumine primitivement isoélectrique dans 100 centimètres cubes de solution (courbe moyenne de la figure 5).

La figure 6 représente les courbes de combinaison dont les ordonnées sont les nombres de centimètres cubes des acides HCl, H_2SO_4, $H_2C_2O_4$, et H_3PO_4 0,1 n, qui, pour différents pH, se combinent à 1 gramme d'albumine prise à l'état isoélectrique. On y voit encore que les courbes de combinaison de HCl et de H_2SO_4 coïncident pratiquement, comme l'exige la théorie purement chimique, que la courbe de l'acide oxalique est plus élevée, et celle de l'acide phosphorique plus élevée encore. Le fait le plus important est que, pour un même pH, les ordonnées de la courbe de l'acide phosphorique sont toujours à peu près trois fois aussi grandes que celle des courbes des acides chlorhydrique et sulfurique.

Les nombres de la table II expriment en cen-

timètres cubes les quantités de chacun des
quatre acides quî se combinent dans 100 centimètres cubes de solution à 1 gramme d'ovalbumine cristallisée primitivement isoélectrique. Ces

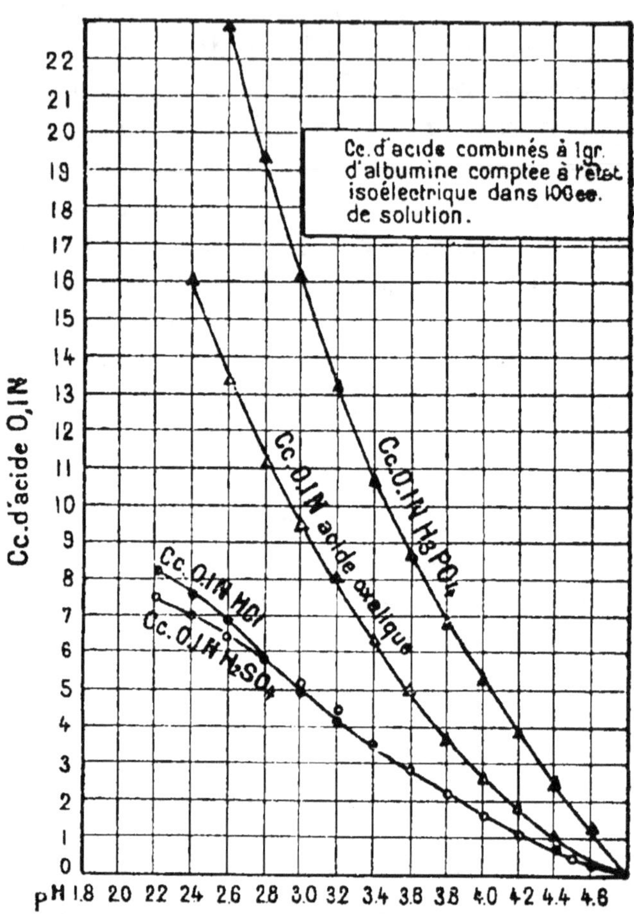

Fig. 6. — Cette figure montre le caractère chimiquement régulier
de la combinaison des acides avec l'albumine isoélectrique. La
même quantité d'albumine se combine avec trois fois plus de centimètres cubes d'acide phosphorique 0,1 *n* que d'acide chlorhydrique ou sulfurique, et avec deux fois plus de centimètres cubes
d'acide oxalique 0,1 *n* lorsque le pH est inférieur à 3,0.

quantités sont identiques pour HCl et H^2SO^4;
pour H^3PO^4, elles sont, dans les limites de pré-

cision des mesures, toujours trois fois plus grandes que pour HCl. Ainsi, pour pH = 4,0, il se combine à 1 gramme d'albumine 1^{cm^3},7 de HCl ou de H^2SO^4 0,1 n, et 5^{cm^3},3 de H^3PO^4 0,1 n. Pour pH = 3,4, ces nombres de centimètres cubes deviennent respectivement 3,5 et 10,6.

TABLE II

Nombre de centimètres cubes d'acide 0,1 n combinés à 1 gramme d'ovalbumine cristallisée comptée à l'état iso-électrique dans 100 centimètres cubes de solution.

pH	CENTIMÈTRES CUBES de HCl.	CENTIMÈTRES CUBES de H^2SO^4.	CENTIMÈTRES CUBES d'acide oxalique.	CENTIMÈTRES CUBES d'acide phosphorique.
4,2	1,15	1,15	1,8	3,8
4,0	1,7	1,7	2,6	5,3
3.8	2,3	2,3	3,7	6,8
3,6	2,9	2,9	5,0	8,6
3,4	3,5	3,5	6,3	10,6
3,2	4,2	4,3	8,0	13,1
3,0	5,0	5,1	9,5	16,1
2,8	5,8	5,9	11,1	19,3
2,6	6,7	6,5	13,3	22,9
2,4	7,6	7,0	16,0	»

En ce qui concerne l'acide oxalique, nous remarquerons que lorsque le pH est $>$ 3,6, le nombre de centimètres cubes d'acide 0,1 n qui se combinent à 1 gramme d'albumine est moindre que le double de celui qu'on obtient avec HCl, et que l'écart croît avec le pH. Lorsque le pH devient égal ou inférieur à 3,2, le nombre de centimètres cubes d'acide oxalique est pratiquement le double de celui de HCl à pH égal. Ainsi pour

pH = 2,6, il se combine avec 1 gramme d'albu-
mine 6$^{cm^3}$,7 de HCl 0,1 *n*, et 13$^{cm^3}$,3 d'acide oxalique. Pour un pH = 3,0, ces nombres devien-
nent respectivement 5,0 et 9,5. Les chiffres ainsi
obtenus correspondent au résultat qu'on doit
attendre en partant des expériences de titrage de
Hildebrand sur les bases inorganiques. Ces
expériences ne laissent ainsi aucun doute que les
acides se combinent avec les protéines selon les
mêmes lois de proportions définies qu'avec les
cristalloïdes. Si des faits aussi simples n'ont pas
été mis en évidence plus tôt, c'est parce que les
expérimentateurs n'ont pas pris en considération
la concentration en ions H de leurs solutions.
S'ils l'avaient fait, personne ne se fût jamais avisé
de prétendre que les acides se combinent avec
les protéines d'après la formule d'adsorption.

Ces expériences de titrage tirent une importance
toute spéciale du fait que l'albumine cristallisée
est actuellement, semble-t-il, la protéine la plus
pure que l'on possède.

Les mêmes résultats peuvent d'ailleurs être
obtenus avec d'autres protéines, comme la gélatine. On s'est servi pour cela d'une solution mère
de gélatine isoélectrique que l'on préparait en
mettant de la gélatine en poudre, de pH = 7,0,
pendant une heure à 15° dans l'acide acétique
$m/128$ (100 centimètres cubes de cet acide pour
1 gramme de gélatine) ; on lavait ensuite 4 ou
5 fois à l'eau glacée (5°). La solution mère était
à 8 p. 100, sa concentration était connue par
une pesée après dessiccation. On ajoutait à 50 centimètres cubes de la solution à 2 p. 100 de gélatine isoélectrique des quantités différentes d'acide
en amenant ensuite le volume à 100 centimètres

cubes par addition d'eau de pH $= 5,6$ environ. On déterminait le nombre de centimètres cubes de divers acides au titre 0,1 *n* nécessaires pour amener au même pH 1 gramme de gélatine isoélectrique en solution à 1 p. 100.

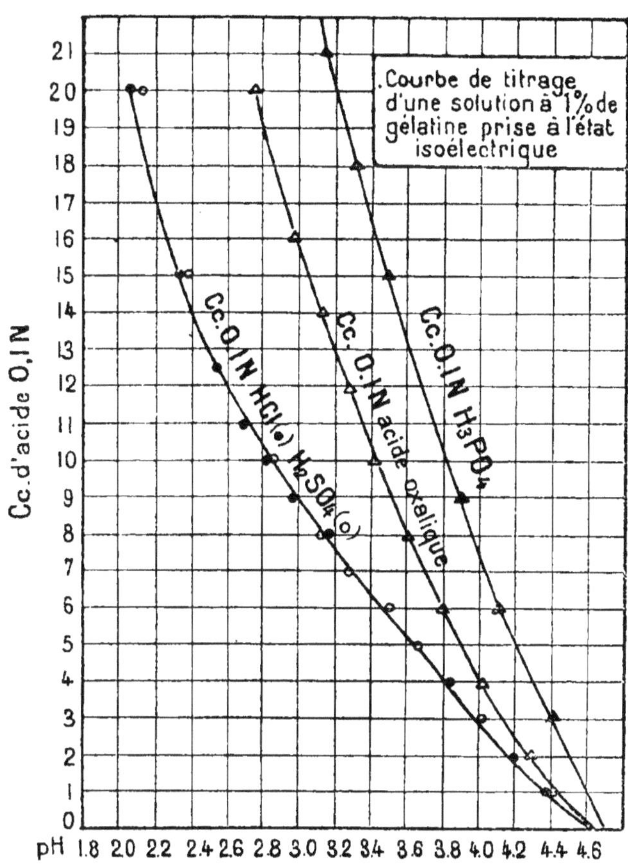

Fig. 7. — Courbe de titrage d'une solution à 1 p. 100 de gélatine comptée à l'état isoélectrique. Cette courbe montre le caractère chimiquement régulier de la combinaison des acides avec la gélatine (voir la légende de la fig. 6).

La figure 7 représente ainsi, avec les pH pris comme abscisses, les nombres de centimètres cubes de HCl, de H^2SO^4, de $C^2H^2O^4$, et de H^3PO^4

o,1 *n*, ajoutés à 100 centimètres cubes de solution de gélatine isoélectrique, pris comme ordonnées.

Ici, il est encore évident que les courbes fournies par HCl et H^2SO^4 sont pratiquement iden-

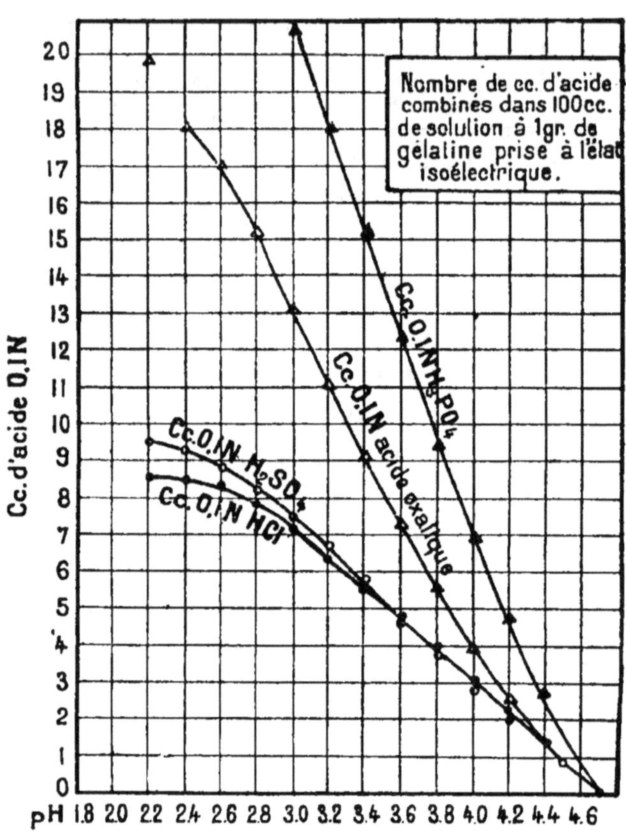

Fig. 8. — Courbe de combinaison des acides avec la gélatine ; cette courbe confirme le caractère chimiquement régulier de la combinaison.

tiques, que celle de H^3PO^4 a des ordonnées environ triples, et celle de l'acide oxalique, à peu près doubles de celle de HCl à pH égal ; pour le dernier acide au moins, ceci est exact tant que pH est inférieur à 3,2 ; car lorsque le pH s'élève au-dessus de cette valeur, la courbe de l'acide oxalique s'écarte d'autant plus du rapport considéré que le pH est plus élevé, comme le demande la théorie.

Les courbes de la figure 8 représentent les nombres de centimètres cubes d'acide 0,1 n qui se combinent à 1 gramme de gélatine primitivement isoélectrique dans 100 centimètres cubes de solution pour différents pH ; ces mêmes nombres sont donnés dans la table III. Celle-ci fait voir

TÀBLE III

Nombre de centimètres cubes d'acide 0,1 n qui se combinent dans 100 centimètres cubes de solution à 1 gramme de gélatine comptée à l'état isoélectrique.

pH	CENTIMÈTRES CUBES de HCl.	CENTIMÈTRES CUBES de H_2SO_4.	CENTIMÈTRES CUBES d'acide oxalique.	CENTIMÈTRES CUBES d'acide phosphorique.
4,0		2,7	3,4	6,95
3,8	3,9	3,75	5,5	9,4
3,6	4,8	4,8	7,3	12,3
3,4	5,6	5,75	9,1	15,2
3,2	6,4	6,75	11,0	18,0
3,0	7,2	7,5	13,15	20,7
2,8	7,9	8,25	15,3	23.6
2,6	8,35	8,8	17,1	26,2
2,4	8,5	9,3	18,0	

que, dans les limites de précision des expériences, il se combine à 1 gramme de gélatine prise à l'état isoélectrique en solution à 1 p. 100, à pH égal, à peu près le même nombre de centimètres cubes de HCl et de H_2SO_4 de même titre (0,1 n), tandis que le nombre de centimètres cubes de

H^3PO^4 de même titre est trois fois plus grand ; avec l'acide oxalique 0,1 n, le nombre de centimètres cubes combinés est plus petit que deux fois celui de HCl quand le pH est supérieur à 3,0, et approximativement double quand le pH est inférieur à ce chiffre, comme le veut la théorie.

Ces expériences confirment notre conclusion que les acides se combinent aux protéines selon les lois ordinaires de la chimie, si l'on prend en considération la concentration en ions H.

La figure 8 montre que lorsque 100 centimètres cubes d'une solution aqueuse contiennent, avec 1 gramme de gélatine prise à l'état isoélectrique, une certaine quantité de HCl, la quantité de chlorure de gélatine formée croît d'abord rapidement si la quantité de HCl vient à croître. A partir d'un pH = 2,6, la courbe tend à devenir asymptote à l'axe des abscisses, ce qui signifie que pratiquement toute la gélatine s'est combinée avec HCl, de sorte qu'une addition ultérieure de HCl n'augmente pas la quantité d'acide combinée à la gélatine. Il était théoriquement important de rechercher si, en continuant à augmenter la quantité de HCl, la courbe de combinaison continuerait à rester parallèle à l'axe des abscisses. Ce travail a été accompli par le Dr Hitchcock, qui a employé la méthode de l'auteur. Les expériences de Hitchcock ont été faites avec des solutions à 1, à 2,5 et à 5 p. 100 de gélatine prise à l'état isoélectrique, de façon à déterminer la courbe de combinaison de cette gélatine avec HCl. Le résultat en est représenté par la figure 9. La courbe reste horizontale entre les pH 1,0 et 2,0 indiquant ainsi que toute la gélatine est alors combinée à l'acide. Lloyd et Mayes [1] ont indiqué que cette courbe était irrégulière, mais cette indication était due à une erreur.

« La hauteur maxima de la courbe de la figure 9 correspondant à 9,2 millimolécules-gramme de HCl pour 10 grammes de gélatine, indique qu'une solution à 1 p. 100 de gélatine est, d'après sa combinaison avec HCl, d'une normalité de

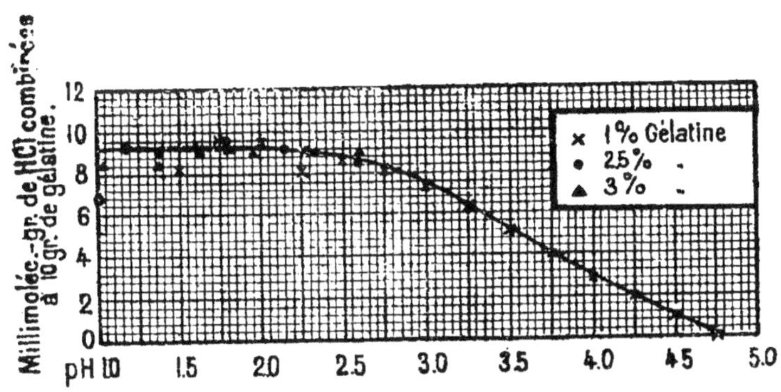

Fig. 9. — Courbe de combinaison de la gélatine isoélectrique avec HCl d'après Hitchcock. La courbe montre qu'à partir de pH = 2,5 environ l'addition d'une plus grande quantité d'acide n'augmente plus la quantité de chlorure de gélatine formé.

0,0092, ce qui donne pour la masse de combinaison de la gélatine 10/0,0092 soit environ 1090. Quoique la hauteur exacte du maximum soit encore plus ou moins incertaine, il est probable que cette valeur de la masse de combinaison est plus près d'une valeur correcte que les nombres plus petits donnés par Procter [2], Wilson [3], Wintgen

1. Lloyd (D.-J.), et Mayes (C.), *Proc. Roy. Soc.*, Série B, t. XCIII, p. 69, 1922.

2. Procter (H.-R.), *J. Chem. Soc.*, t. CV, p. 313, 1914.

3. Wilson (J.-A.), *J. Am. Leather Chem. Ass.*, t. XII, p. 108, 1917.

et Krüger [1], et Wintgen et Vogel [2], en raison de ce que dans son calcul n'entrent que des hypothèses plus simples et plus probables. D'ailleurs les chercheurs qui ont précédé n'ont pas eu à leur disposition de gélatine privée de cendres ou isoélectrique [3]. »

L'auteur a fait des expériences semblables sur la caséine préparée d'après la méthode de L.-L. Van Slyke et de J.-C. Baker [4], qui ont décrit en 1918 un procédé de préparation de la « caséine pure » à partir du lait écrémé. Il consiste :

« en une addition progressive d'acide avec distribution immédiate de cette substance dans toute la masse de lait, sans amener de coagulation de la caséine au point où l'acide vient d'abord en contact avec une portion du liquide. Ce résultat peut être obtenu en introduisant l'acide au-dessous de la surface du lait soumis à une violente agitation mécanique. Après une attente de trois heures, juste à un degré d'acidité un peu inférieur au point de coagulation de la caséine, temps pendant lequel on agite doucement, on continue d'ajouter lentement de l'acide en agitant de nouveau rapidement comme au début, de manière que les particules de coagulum soient dans un état de division aussi fin que possible. »

On centrifuge alors la caséine coagulée et, après des lavages répétés, on la trouve pure de Ca et de P inorganique. Comme Van Slyke et

1. Wintgen (R.), et Krüger (K.), *Kolloid-Z.*, t. XXVIII, p 81, 1921.

2. Wintgen (R.), et Vogel (H.), *Kolloid-Z.*, t. XXX, p. 45, 1922.

3. Hitchcock (D.-I.), *J. Gen. Physiol.*, t. IV, p. 738, 1921-22.

4. Van Slyke (L.-L.), et Baker (J.-C.), *J. Biol. Chem.*, t. XXXV, p. 127, 1918.

Baker l'ont constaté, le pH du caillot de caséine est d'environ 4,5 ou 4,6, c'est-à-dire légèrement au-dessous du point isoélectrique. La caractéristique essentielle de la méthode de Van Slyke et Baker consiste donc à porter lentement le lait ou la solution de caséine à peu près au pH du point isoélectrique de la caséine. L'auteur de ce livre a montré que la gélatine se débarrasse de toutes ses impuretés ionogéniques au point isoélectrique, et les expériences de Van Slyke et Baker nous apprennent que la même méthode peut être employée avec la caséine. La caséine préparée d'après la méthode de Van Slyke et Baker est aussi débarrassée d'albumine, cette dernière protéine étant soluble pour des pH de 4,5 à 4,7 et se trouvant ainsi séparée par les lavages de la caséine isoélectrique insoluble.

Dans nos expériences [1], nous avons employé de la caséine préparée par le procédé de Van Slyke et Baker avec du lait écrémé et aussi de la « caséine pure » prise dans le commerce. Les deux préparations ont donné pratiquement le même résultat ; pour enlever toute trace de graisse de la caséine, cette dernière était lavée à l'acétone.

Il n'est pas possible de préparer des solutions de caséine à 1 p. 100 sauf avec quelques acides, en raison de la faible solubilité des sels que la caséine forme avec les acides. Il est cependant possible de comparer le chlorure et le phosphate de caséine en solution à 1 p. 100. On a mis en solution aqueuse dans 100 centimètres cubes, 1 gramme de caséine isoélectrique préparée

---

1. Loeb (J.), *J. Gen. Physiol.*, t. III, p. 547, 1920-21.

d'après Van Slyke et Baker. La solution contenait 1,2 et 3, etc., centimètres cubes de HCl ou
de H^3PO^4 0,1 n. Le pH de la solution de caséine
se déterminait au moyen du potentiomètre et l'on
traçait une courbe, en prenant comme abscisses

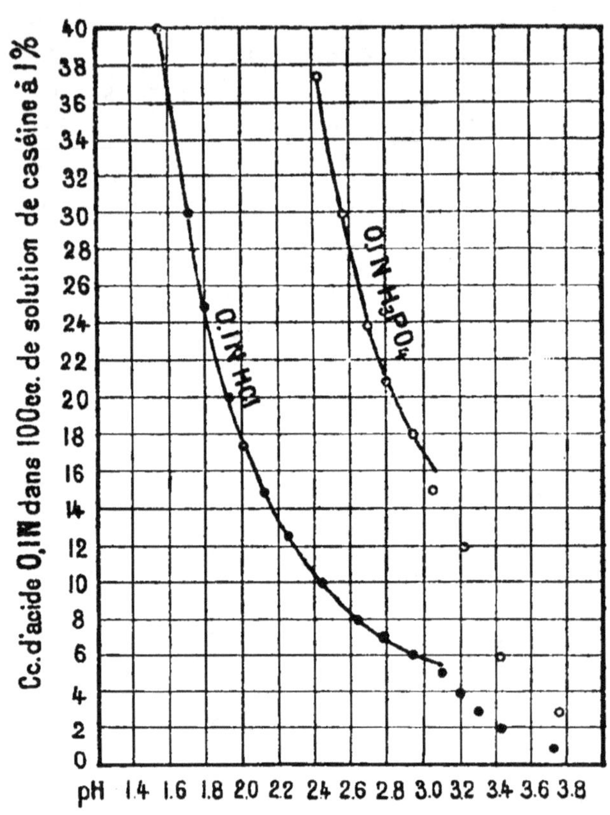

Fig. 10. — Les ordonnées de cette figure représentent le nombre de
centimètres cubes d'acide chlorhydrique ou d'acide phosphorique
0,1 n qui se trouvent dans 100 centimètres cubes d'une solution
de caséine à 1 p. 100. Les abscisses sont les pH du liquide. Pour
porter 1 gramme de caséine au même pH, il faut à peu près trois
fois plus de centimètres cubes d'acide phosphorique 0, 1 n que
d'acide chlorhydrique de même titre.

ce pH final de la solution de caséine, et comme
ordonnées les nombres de centimètres cubes
d'acide 0,1 n nécessaires pour donner à la solution

à 1 p. 100 de caséine le pH correspondant. Le chlorure ou le phosphate de caséine en solution à 1 p. 100 n'est pas entièrement soluble jusqu'à ce que le pH atteigne 3,0 ou une valeur un peu inférieure, mais l'addition d'une grande quantité d'acide amenant le pH à 1,6 ou peut-être à une valeur un peu plus grande, fait de nouveau précipiter la caséine de sa solution à 1 p. 100.

La figure 10 représente les courbes de titrage pour HCl et H^3PO^4 dans les limites où les sels de caséine sont solubles à 1 p. 100. Ces courbes font voir qu'il faut pour amener au même pH 1 gramme de caséine prise à l'état isoélectrique en solution à 1 p. 100 environ trois fois autant de centimètres cubes de H^3PO^4 o,1 n que de HCl de même titre. En d'autres termes, H^3PO^4 se combine à la caséine en proportions moléculaires, comme on doit le prévoir si le phosphate de caséine est un véritable composé chimique.

Il n'a pas été possible de tracer les courbes correspondant au sulfate ou à l'oxalate de caséine en raison de la trop faible solubilité de ces sels. Il en va de même pour les sels formés par la caséine avec d'autres acides comme l'acide trichloracétique.

Hitchcock a étendu ces recherches à deux autres protéines, l'édestine et la sérumglobuline[1]. La figure 11 représente les courbes de combinaison des acides chlorhydrique, sulfurique, oxalique et phosphorique avec $o^{gr},45$ d'édestine[2]

---

1. Hitchcock (D.-I.), *J. Gen. Physiol.*, t. IV, p. 597, 1921-22 et t. V, p. 35, 1922-23.

2. Pour obtenir la véritable courbe de combinaison d'une protéine avec un acide faible comme H^3PO^4, il est nécessaire de considérer l'action exercée en tant qu'ion commun par l'anion du sel

dans 100 centimètres cubes. Ses résultats confirment ceux que l'auteur avait obtenus avec la gélatine, l'albumine et la caséine. Il n'est guère douteux qu'on doive trouver des courbes de titrage et de combinaison semblables avec toutes les protéines.

De toutes ces expériences, nous tirons la conclusion que les acides se combinent avec l'oval-

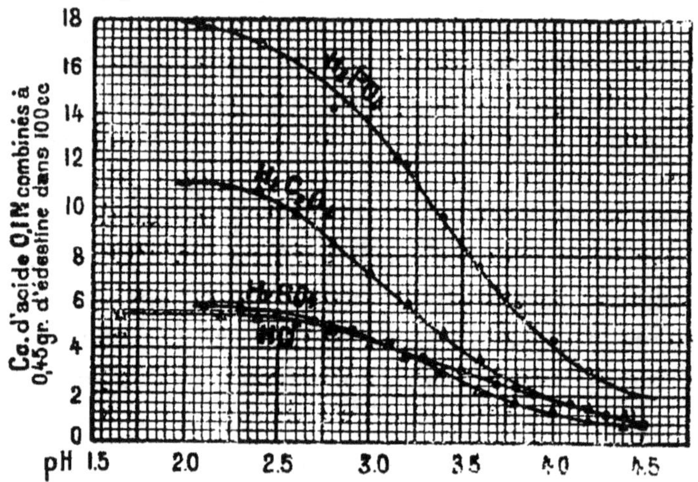

Fig. 11. — Quantités d'acides 0, 1 n combinées à 0^{gr},45 d'édestine dans 100 centimètres cubes. Les valeurs figurées relatives aux acides chlorhydrique, sulfurique et oxalique, ont été obtenues par différence entre les courbes de titrage avec et sans protéine. Les valeurs relatives à l'acide phosphorique ont été obtenues par calcul. (D'après Hitchcock.)

bumine cristallisée, la gélatine et la caséine (et probablement avec les protéines en général) grâce aux mêmes forces de valence primaire qui déterminent la combinaison des mêmes acides

acide de protéine et dont l'effet est de diminuer l'ionisation de l'acide faible. Le calcul se fait par la méthode donnée par Pauli (W.), « Kolloidchemie der Eiweisskörper », Dresde et Leipzig, 1920, 1re partie, p. 57, et par Hitchcock (D.-I.), *J. Gen. Physiol.*, t. IV, p. 597, 1921-22.

avec des substances cristalloïdes comme NH_3 ou $NaOH$.

Dans les expériences précédentes, nous sommes partis de protéines isoélectriques et nous avons mesuré le nombre de centimètres cubes d'acide $0,1\ n$ nécessaires pour amener les solutions de protéines à un pH déterminé. Il paraissait intéressant de vérifier ce résultat par le titrage inverse, c'est-à-dire de partir d'un sel acide de protéine de pH déterminé et de mesurer le nombre de centimètres cubes de $NaOH$ $0,1\ n$ nécessaires pour amener une solution de sel acide de protéine à un pH fixé tel que $7,0$. Cette méthode exige toutefois certaines corrections que feront comprendre les considérations suivantes : les expériences sont faites avec des solutions contenant environ $0^{gr},8$ de gélatine prise à l'état isoélectrique dans 100 centimètres cubes de liquide. Si nous ajoutons à ces $0^{gr},8$ de gélatine isoélectrique différentes quantités d'acide $0,1\ n$, par exemple, HBr, puis que nous fassions fondre et que nous transformions en une solution à $0,8$ p. 100 en ajoutant assez d'eau pour que le volume devienne 100 centimètres cubes, nous aurons obtenu en solution un mélange de deux substances, l'acide bromhydrique libre et le bromure de gélatine. La quantité totale de Br contenue dans 10 centimètres cubes de solution peut être mesurée par un titrage de cette substance. Une partie de ce brome est combinée à la protéine et une partie à l'état de HBr libre. Cette dernière partie peut être connue en faisant une solution de HBr dans l'eau sans gélatine, de même pH, et en y déterminant la quantité de Br. En déduisant la valeur ainsi obtenue de la quantité totale de brome, on peut savoir combien de

HBr est combiné à la gélatine. La table IV fait connaître les résultats de cette expérience[1]. La première ligne contient les nombres de centimètres cubes de HBr $0,01\,n$ libre primitivement mis dans 100 centimètres cubes de solution à 0,8 p. 100 de gélatine prise à l'état isoélectrique. La ligne 2 fait connaître le pH de chaque solution de bromure de gélatine, une fois l'équilibre établi; la ligne 3, la quantité totale de Br $0,01\,n$ contenue dans 10 centimètres cubes de solution et la ligne 4 la quantité de Br en combinaison avec la gélatine, quantité obtenue en déduisant la quantité de Br de HBr libre (non combiné à la gélatine) de la quantité totale de Br trouvée.

Il y a une seconde méthode qui permet de connaître la quantité de HBr contenue dans une masse donnée de gélatine, c'est le titrage de l'acide par NaOH[2]. Dans ce cas, on mesure le nombre de centimètres cubes de NaOH $0,01\,n$ nécessaires pour amener 10 centimètres cubes de solution de bromure de gélatine à un pH $= 7,0$. On connaît ainsi la quantité totale d'acide dont il faudra déduire la quantité d'acide libre non combiné à la gélatine. On obtient cette dernière quantité en titrant une solution de HBr sans gélatine, de même pH, par le même moyen, c'est-à-dire avec NaOH. Il y a lieu de faire encore une autre correction à cette mesure. Il faut déterminer la quantité de NaOH nécessaire pour amener les 10 centimètres cubes de solution de gélatine 0,8 p. 100 du point isoélectrique au pH $= 7,0$. Cette valeur se trouve être égale dans le cas considéré à $1^{cm3},8$ de NaOH

1. Loeb (J.), *J. Gen. Physiol.*, t. I, p. 559, 1918-19.
2. Loeb (J.), *J. Gen. Physiol.*, t. I, p. 559, 1918-19.

Solution à 0,8 p. 100 de gélatine comptée à l'état isoélectrique faite dans 100 centimètres cubes d'eau contenant diverses quantités de HBr 0,01 n.

1. Centimètres cubes HBr 0,01 n ajoutés .	50,0	40,0	35,0	30,0	25,0	22,5	20,0	17,5	15,0	12,5	10,0	7,5	5,0	2,5	1,0	0,5
2. pH de la solution de gélatine	2,8	3,0	3,1	3,15	3,25	3,3	3,35	3,4	3,5	3,6	3,75	3,9	4,1	4,3	4,5	4,7
3. Centimètres cubes HBr 0,01 n trouvés dans 10 centimètres cubes de solution de gélatine	8,55	7,3	6,8	6,4	5,7	5,4	4,85	4,45	4,0	3,3	3,0	2,4	1,5	0,65	0,2	0,1
4. Valeurs de Br corrigées	7,0	6,1	5,8	5,6	5,1	4,9	4,5	4,05	3,66	3,05	2,8	2,28	1,42	0,55	0,15	0,0
5. Centimètres cubes NaOH 0,01 n nécessaires pour porter à pH 7,0 10 centimètres cubes de gélatine	10,0	9,2	8,4	8,0	7,3	7,0	6,55	6,3	5,8	5,15	4,7	4,2	3,5	2,7	2,15	1,9
6. Valeurs de NaOH corrigées	6,7	6,25	5,6	5,4	4.9	4,7	4,35	4,1	3,66	3,1	2,7	2,28	1,62	0,8	0,3	0,0

(Dans ces expériences, les sacs de collodion qui contenaient les solutions de gélatine plongeaient dans une solution aqueuse de HBr de même concentration saline que le liquide intérieur. Par suite, l'acide diffusait de l'extérieur dans la solution de gélatine qui arrivait à contenir ainsi au moment de l'équilibre, plus de Br qu'il ne lui en avait été primitivement ajouté.)

0,01 n. Cette quantité est à déduire encore de celle qui a été obtenue, et les deux déductions faites,

TABLE V

Nombre de centimètres cubes d'acide 0,01 n qui se combinent à la gélatine dans 10 centimètres cubes de solutions à 0,8 p. 100 de ce corps de pH différents.

pH	3,1	3,2	3,3	3,4	3,5	3,7	3,9	4,1	4,2	4,3
1. Acide azotique . . .	4,35	4,1	3,6	3,2	2,85	2,45	1,9	1,45		0,75
2. Acide oxalique . . .	9,6	8,75	7,6	6,7	6,00	4,3	3,0		1,65	
3. Acide phosphorique .		12,4	10,4	9,8	9,00	7,4	5,8	4,5	2,6	2,1

on retombe à peu près sur les mêmes chiffres qu'avec le titrage direct de Br. C'est ce que montre encore la table IV. La ligne 5 fait en effet connaître le nombre de centimètres cubes de NaOH 0,01 n nécessaires pour amener 10 centimètres cubes de solution de gélatine au pH 7,0. La ligne 6 donne les valeurs corrigées pour NaOH après qu'on a apporté à celles de la ligne 5 les deux déductions indiquées. En considérant les nombres des lignes 4 et 6 on voit qu'ils sont identiques dans les limites de précision des expériences.

Cette méthode de titrage avec la soude permet de mesurer la quantité d'un acide quelconque qui se combine pour un certain pH à une masse donnée de gélatine.

Grâce à cette nouvelle méthode, nous pouvons encore confirmer le résultat obtenu pour les acides dibasiques et tribasiques faibles tels que les acides oxalique ou phosphorique, à savoir qu'ils se combinent à la gélatine en proportions moléculaires. La table V fait connaître les quantités équivalentes de HNO^3, de PO^4H^3 et de $C^2H^2O^4$, combinés à la gélatine à différents pH dans 10 centimètres cubes de solution à 0,8 p. 100 d'une gélatine prise à l'état isoélectrique.

Les valeurs trouvées pour HNO^3 dans la table V sont un peu plus faibles que celles qu'on obtient pour HBr (table IV) ou pour HCl : la concentration de la gélatine était en effet un peu moindre dans les expériences de la table V que dans celles de la table IV [1]. La comparaison des quantités de $NaOH$ employées pour titrer avec HNO^3 et des quantités de PO^4 (table V, lignes 1 et 3) trouvées par titrage direct du PO^4 au moyen de l'acétate d'uranyle, montre pour les deux nombres correspondants un rapport pratiquement égal à 1/3, à pH égal, c'est-à-dire qu'il se combine trois fois autant de solution équivalente de H^3PO^4 que de HNO^3 avec une même masse de gélatine. Les nombres obtenus pour HNO^3 et pour $C^2H^2O^4$ (lignes 1 et 2, table V) donnent à peu près le rapport 1/2 lorsque pH est égal ou inférieur à 3,5. Ainsi les acides oxalique et phosphorique se combinent en proportions moléculaires à la gélatine. On peut montrer de la même manière que l'acide sulfu-

---

1. Dans les premières expériences, on amenait un gramme de gélatine en poudre à son point isoélectrique. Il en résultait, particulièrement au moment du lavage, quelques pertes un peu variables suivant l'expérience. Dans les expériences ultérieures, on a évité cette source d'erreurs en employant une solution mère de gélatine isoélectrique à environ 8 p. 100, la concentration de cette gélatine isoélectrique étant connue par dessiccation et pesée.

rique se combine, lui, en proportions équivalentes.

Ces mesures confirment les conclusions auxquelles nous ont conduits d'autres méthodes.

III. — COURBES DE TITRAGE DE LA GÉLATINE
AVEC LES ACIDES FAIBLES

On a trouvé dans les expériences précédentes que tous les acides monobasiques forts, tels que

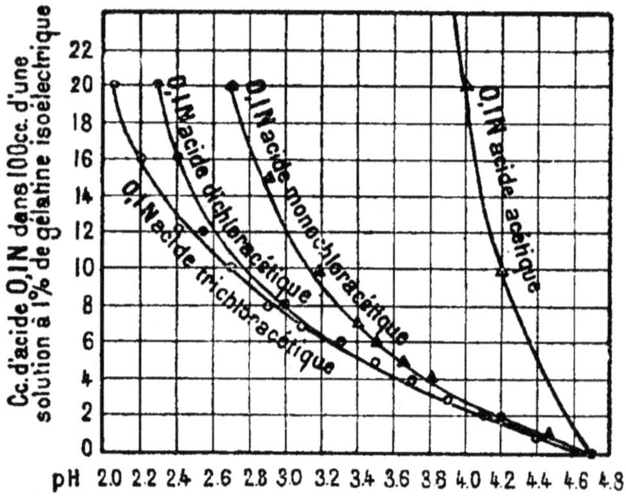

Fig. 12. — Les ordonnées de cette figure représentent le nombre de centimètres cubes des acides acétique, mono-, di- et trichloracétique 0,1 *n* nécessaires pour amener une quantité d'environ 0ᵍʳ,8 de gélatine isoélectrique aux pH indiqués par les abscisses. On a ajouté au mélange d'acide et de gélatine assez d'eau pour que le volume total soit de 100 centimètres cubes.

HBr ou HNO^3 donnent la même courbe de titrage que HCl. Mais il n'en va naturellement plus de même si l'on considère les acides faibles. Plus un acide est faible, plus il en faut pour amener une solution de protéine au même pH : c'est ce qu'on voit dans la figure 12 où sont représentées les courbes de titrage de l'acide acétique et des acides mono-, di-, et trichloracétique 0,1 *n*, mis en présence d'une même quantité (environ $0^{gr},8$) de gélatine isoélectrique dans 100 centimètres cubes de solution. Il est évident que plus l'acide est faible, plus il en faut pour amener au même pH la même quantité de gélatine isoélectrique.

En raison de l'énorme quantité nécessaire dans le cas des acides faibles, il n'est plus possible de déterminer de la même manière que pour HCl la quantité d'acide qui se combine à une masse donnée de protéine, mais nous verrons dans le chapitre VII, et grâce à une méthode indirecte, que la quantité d'anion combinée à une masse donnée de protéine dans un même volume de solution est, à pH égal, le même, que l'acide soit fort ou faible.

IV. — Courbes de titrage des protéines naturelles
avec les alcalis

Si l'on mesure le nombre de centimètres cubes de KOH, de NaOH, de $Ca(OH)^2$, ou de $Ba(OH)^2$ 0,1 *n* qui doivent être contenus dans 100 centimètres cubes d'une solution à 1 p. 100 d'ovalbumine cristallisée prise à l'état isoélectrique, pour porter cette solution à un même pH, on trouve que ces nombres sont identiques et que leurs valeurs se placent pour les quatre bases sur une même courbe. Cela revient à dire que $Ca(OH)^2$ et $Ba(OH)^2$ se combinent en proportions équivalentes avec l'ovalbumine cristallisée, c'est-à-dire que ces bases se combinent avec l'ovalbumine cristallisée suivant les mêmes lois chimiques qu'avec les acides cristalloïdes. Cela est encore vrai pour la combi-

naison de ces bases avec l'albumine isoélectrique
(fig. 13), avec la caséine (fig. 14), et avec la gélatine
(fig. 15). Dans ce dernier cas, la solution ne contenait qu'environ $0^{gr},8$ de gélatine prise à l'état isoélectrique dans 100 centimètres cubes de solution[1].

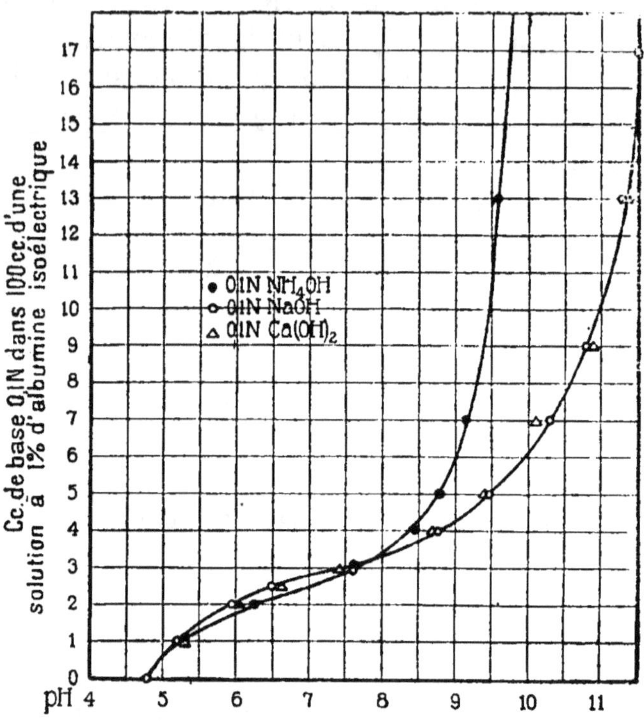

Fig. 13. — Les courbes représentent le nombre de centimètres cubes
d'ammoniaque, de soude et de chaux $0,1\,n$ nécessaires pour amener
à différents pH 1 gramme d'ovalbumine cristallisée isoélectrique
dans 100 centimètres cubes de solution. Les courbes sont identiques pour la soude et la chaux.

Ces résultats ont été confirmés par Hitchcock en
ce qui concerne l'édestine et la sérumglobuline.

On peut enfin se poser cette question : combien
de molécules d'acide ou d'alcali peuvent-elles se

1. Loeb (J.), *J. Gen. Physiol.*, t. III, p. 85, 1920-21.

combiner à une molécule de protéine? La régularité des courbes de titrage des protéines isoélectriques avec les acides nous indique qu'il n'y a qu'une seule ou beaucoup de molécules d'acide monobasique, tel que HCl, qui se combinent avec

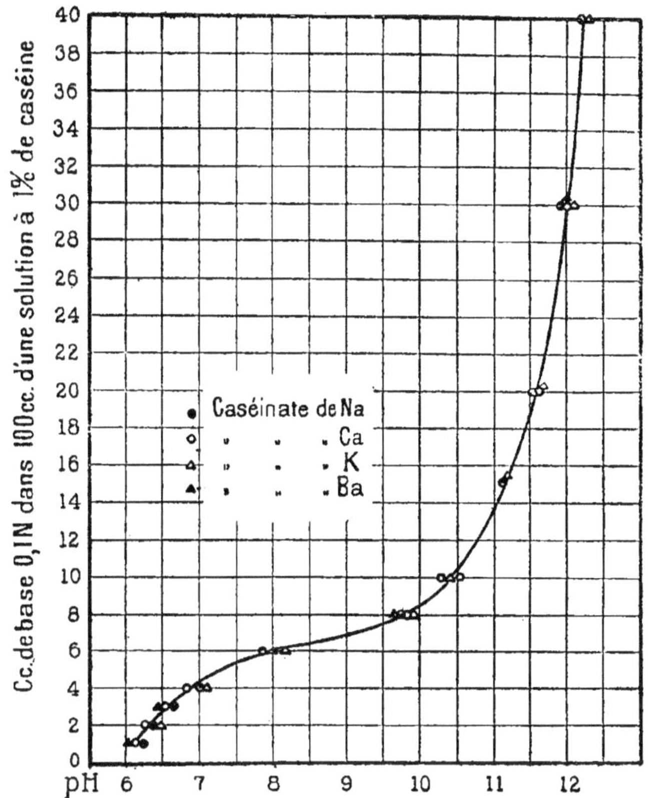

Fig. 14. — Les ordonnées de cette courbe sont les nombres de centimètres cubes de soude, de potasse, de chaux et de baryte, 0,1 *n* contenus dans 100 centimètres cubes d'une solution à 1 p. 100 de caséine. Les abscisses sont les pH du liquide. Les courbes sont identiques pour les quatre bases, ce qui montre que Ba et Ca se combinent à la caséine en proportions équivalentes.

une molécule de protéine, car autrement les courbes auraient une forme plus accidentée. Il n'est d'ailleurs pas probable qu'il n'y ait qu'une seule molécule d'acide qui se combine avec une molécule de protéine.

Procter et Wilson[1] sont arrivés à cette conclusion que la masse équivalente de la gélatine est 768. Wintgen et Krüger[2] donnent la valeur 839. Hitchcock a trouvé un nombre plus élevé, 1090, comme on l'a dit plus haut[3]. D'après les analyses

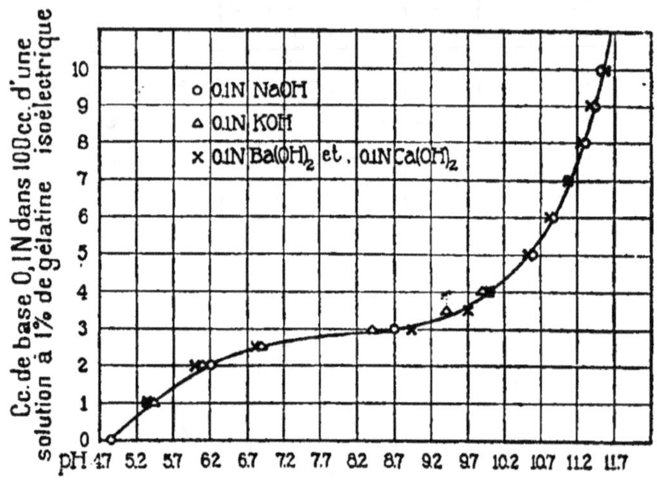

Fig. 15. — Courbe représentant le nombre de centimètres cubes de soude, de potasse, de baryte ou de chaux 0,1 *n* nécessaires pour amener à différents pH la même quantité d'environ 0 gr. 8 de gélatine isoélectrique dans 100 centimètres cubes de solution. Toutes ces courbes sont identiques.

récentes de Dakin[4] la gélatine contient 1,4 p. 100 de phénylalanine, ce qui donnerait pour masse moléculaire minima à la gélatine 11800. Le nombre de Hitchcock nous amènerait donc à ce résultat qu'il se combine avec une molécule de gélatine

1. Wilson (J.-A.), *J. Am. Leather Chem. Ass.*, t. XII, p. 108, 1917.

2. Wintgen (R.), et Krüger (K.), *Kolloid-Z.*, t. XXVIII, p. 81, 1921.

3. Hitchcock (D.-I.), *J. Gen. Physiol.*, t. IV, p. 733; 1921-22.

4. Dakin (H.-D.), *J. Biol. Chem.*, t. XXXXIV, p. 499, 1920.

environ 11 ou un multiple de 11 molécules d'acide monobasique.

On peut considérer comme résultant de toutes ces expériences de titrage que les rapports de combinaison des acides et des bases avec les protéines sont identiques aux rapports de combinaison des mêmes corps avec les cristalloïdes. En d'autres termes, les forces qui interviennent dans la combinaison de la gélatine, de l'ovalbumine, de la caséine (et probablement des protéines en général) avec les acides et les alcalis, sont des forces purement chimiques de valence primaire.

On peut maintenant se demander comment la nature chimiquement régulière des combinaisons des protéines peut se concilier avec la présence constatée fréquemment dans leurs solutions d'agrégats de molécules. C'est en raison de ce dernier fait qu'on avait admis, d'ailleurs sans raison péremptoire, l'adsorption à la surface de chaque micelle. Les micelles de protéine qui peuvent exister dans une solution de gélatine dans l'eau, ne sont pas comparables à des sphères métalliques ou à des globules d'huile plongés dans le liquide ; les deux phases sont en effet dans ces derniers cas séparées par une surface continue imperméable à l'électrolyte en solution. Quand on laisse une solution à 1 p. 100 de gélatine se transformer en gel, la distribution uniforme des molécules de gel dans l'eau reste la même. L'orientation désordonnée des molécules de gélatine dans la solution peut se changer dans le gel en une orientation plus déterminée, sans modifier probablement la distance moyenne entre les molécules de protéine. Les interstices entre les molécules restent les mêmes et puisque l'eau, les acides et les alcalis diffusent librement à travers un gel, les molécules et les ions de cette protéine y restent aussi accessibles à l'alcali ou à l'acide qu'ils le sont dans une solution vraie. Les micelles de gélatine en solution sont des particules submicroscopiques de gelée et il n'y a pas de raison pour que les réactions entre la gélatine et les électrolytes, doivent cesser d'être chimiquement régulières, même si la protéine est tout entière à l'état de gel.

Les expériences de titrage décrites dans ce chapitre font aussi comprendre pourquoi il est nécessaire de comparer l'activité relative de deux espèces d'ions de même signe, non seulement pour la même concentration de protéine prise à l'état isoélectrique, mais aussi pour un même pH. Les courbes de combinaison des figures 6, 8, 9, 11, 13, 14 et 15 montrent que, tant qu'on n'ajoute à la protéine isoélectrique qu'une petite quantité d'acide ou de base, il n'y a, pour chaque pH, qu'une partie de la masse de la protéine présente qui soit à l'état salin ; le reste est à l'état de protéine non ionogénique. Ce n'est que par l'addition d'une quantité suffisante d'acide ou d'alcali que la protéine entière se transforme en sel. Les courbes de combinaison montrent qu'à pH égal, la même fraction de la protéine présente existe sous forme de sel de protéine. Si l'on désire comparer l'activité relative de divers ions en combinaison avec la protéine, on doit s'assurer que la concentration de la protéine prise à l'état isoélectrique est la même dans les deux solutions, et que la fraction de cette protéine qui s'est combinée aux deux ions est la même. Cela ne se produit que si les solutions de sels de protéine à comparer ont, non seulement la même concentration de protéine prise à l'état isoélectrique, mais encore le même pH.

Il n'y avait pas de raison de comparer les effets d'ions différents à pH égal, tant que les courbes de titrage figurées dans ce chapitre n'étaient pas connues, mais la connaissance de ces courbes oblige l'expérimentateur à changer de méthode, et à ne jamais comparer l'influence des ions sur les propriétés physiques des protéines qu'avec des solutions de ces corps où la concentration des ions H soit la même.

Il est encore nécessaire de noter que ces concentrations d'ions H doivent être calculées au moyen de mesures faites avec l'électrode à hydrogène et non d'après des mesures de conductivité. C'est le coefficient d'activité et non le rapport de conductivité qui est la grandeur qui régit les actions chimiques.

On a prétendu que certaines protéines, par exemple la gélatine, sont un mélange de deux ou d'un plus grand nombre de protéines différentes. Que cela soit ou non, on ne peut vraisemblablement en dire autant de l'ovalbumine cristallisée. Il est d'ailleurs tout aussi indifférent quand il s'agit de faire la preuve du caractère chimiquement régulier des combinaisons des protéines, que nous ayions affaire à une seule substance ou à un mélange de deux protéines qu'il est indifférent, pour prouver que les acides se combinent régulièrement, que l'on titre de l'acide chlorhydrique seul ou en mélange avec de l'acide azotique.

On peut enfin dire qu'en présence de la régularité établie des combinaisons des protéines, il ne paraît plus utile de continuer à parler d'une « adsorption » des acides ou des alcalis par ces corps. Lorsqu'une relation physico-chimique quantitative et rationnelle, telle que le caractère chimiquement régulier des combinaisons, a été une fois établie en chimie, on conçoit difficilement qu'il puisse être de l'intérêt du progrès scientifique d'en revenir aux relations purement imaginaires et imprécises de ce qu'on appelle la chimie colloïdale, qui sont avant tout le résultat d'erreurs expérimentales.

CHAPITRE V

CHARGES ÉLECTRIQUES ET STABILITÉ DES SUSPENSIONS ET DES ÉMULSIONS

I. — Origine des charges des particules colloidales

Dans les ouvrages relatifs aux colloïdes, on écrit fréquemment que les solutions aqueuses des protéines naturelles sont des systèmes diphasiques comme les suspensions d'argile ou les émulsions d'huile dans l'eau, systèmes dans lesquels une répulsion électrostatique mutuelle due aux charges électriques placées à la surface de chaque particule, fait obstacle à leur coalescence ou à leur agglutination. L'opinion que les solutions de protéines naturelles sont des systèmes diphasiques vient des expériences classiques de Hardy sur les suspensions de particules solides de blanc d'œuf chauffé. Cet auteur a observé que les suspensions de cette matière ont leur moindre stabilité au point isoélectrique, point où elles ne se déplacent plus dans un champ électrique, montrant ainsi qu'elles ne portent plus de charge[1]. On remarqua plus tard, lorsque Michaelis et ses collaborateurs déterminèrent le point isoélectrique des protéines naturelles, que beaucoup de ces protéines naturelles, telles que la gélatine, la caséine, l'é-

---

1. Hardy (W.-B.), *Proc. Roy. Soc.*, t. LXVI, p. 110, 1900.

destine, etc.., ont aussi leur moindre solubilité
au point isoélectrique, et on en tira cette induction que les solutions de protéines naturelles
dans l'eau sont également des suspensions ou
des émulsions. Une telle induction était trop
hardie, car nous verrons dans le chapitre suivant
que les forces qui maintiennent en solution certaines protéines naturelles sont les mêmes qui
agissent dans le cas de la dissolution des cristalloïdes (tels que les acides aminés). La solubilité
dans l'eau des protéines naturelles a son minimum
au point isoélectrique pour cette raison que, à ce
point, les protéines sont à l'état de molécules non
ionisées, qui sont moins solubles que les molécules ionisées. Si l'on avait expérimenté sur la
solubilité des acides aminés, qui sont de véritables cristalloïdes, on aurait aussi probablement
trouvé que leur solubilité avait un minimum au
point isoélectrique.

C'est une opinion qui a eu cours chez beaucoup
de ceux qui ont étudié les colloïdes, que les charges
électriques qui maintiennent en suspension des
particules solides, sont dues à une adsorption
élective de certains ions, grâce à laquelle les
charges des ions adsorbés se trouvent attachées
à la particule en suspension.

La théorie électronique de la matière a, d'autre
part, conduit à la conception de l'existence à la
surface des solides et des liquides de potentiels
intrinsèques qui ont été étudiés pour les métaux
par Frenkel[1], et pour l'eau (mais sous un autre
nom) par Lenard[2]. Ils sont dus au fait qu'il

1. Frenkel (J.), *Phil. Mag.*, t. XXXIII, p. 297, 1917.
2. Lenard (P.), *Ann. Physik.*, t. XXXXVII, p. 463, 1915.

existe généralement une double couche d'éléments de charges opposées sur ces surfaces. En d'autres termes, à la surface de tout solide et de tout liquide, il y a une couche électrique double due à des forces propres aux substances mêmes. Dans le cas de métaux solides, cette couche électrique double peut être due à l'existence d'un excès d'électrons sur la surface libre. L'existence de cette couche double électrique ne se manifeste pas tant que ses deux feuillets ne se séparent pas, ce qui se produit quand on amène en contact deux métaux différents ; les électrons se meuvent alors du métal qui est le plus positif dans la série de Volta (c'est-à-dire où l'attraction électrostatique du noyau de l'atome pour les électrons de la zone la plus extérieure est la plus petite) vers le métal qui, dans la même série, est le moins positif. Quand on sépare les deux métaux, chacun d'eux emporte une charge, négative pour l'un (qui maintenant porte un excès d'électrons), positive pour l'autre (qui a perdu des électrons).

A la surface de l'eau, il existe aussi une double couche électrique dont l'extérieure porte une charge négative, tandis que l'intérieure est chargée positivement. Tant que ces deux feuillets ne sont pas séparés, l'existence de la double couche électrique ne se perçoit pas, mais lorsque des particules sont arrachées mécaniquement à la surface de l'eau, on trouve qu'elles sont chargées négativement lorsqu'elles sont petites, tandis que, plus grosses, elles ne portent aucune charge. C'est ce qu'a montré Lenard dans ses expériences sur l'électrisation des chutes d'eau. Comme ces phénomènes s'observent même dans le vide, Lenard en conclut que la formation de la couche électrique double à la surface de l'eau tient à des forces propres à l'eau elle-même. En nous servant ici des termes de Frenkel, nous pouvons dire que l'eau possède ainsi un potentiel intrinsèque dû à la formation à sa surface d'une couche électrique double dont le feuillet extérieur porte une charge négative.

Lorsque l'eau tient en suspension des bulles de gaz, il doit se former autour de chaque bulle une couche électrique double due aux forces propres à l'eau. Quand se produit une séparation des deux feuillets de cette couche double, la bulle emporte une charge électrique, et cette charge doit être négative d'après les expériences de Lenard. C'est ce qu'a confirmé Mc Taggart dans ses recherches sur le déplacement des bulles d'air dans un champ électrique. Il a montré que ces bulles se déplacent vers l'anode, et il en conclut que la couche extérieure de la surface de l'eau contient un excès d'ions OH et que la couche d'eau sous-jacente contient un excès d'ions H. Comme les électrolytes augmentent la tension superficielle de l'eau, et sont pour cette raison, d'après Gibbs, repoussés de la surface, on pourrait se demander si les ions H n'augmentent pas la tension superficielle de l'eau plus que les ions OH. Il en résulterait que les ions H se tiendraient plus profondément sous la surface que les ions OH. On n'a pas actuellement de données sûres pour résoudre cette question. Mc Taggart a observé que la nature du gaz qui constitue la bulle ne modifie pas le résultat, comme on doit le prévoir si

1. Mc Taggart (H.-A.), *Phil. Mag.*, t. XXVII, p. 297, et t. XXVIII, p. 367, 1914.

la formation de la couche double n'est due exclusivement qu'a des forces propres à l'eau elle-même.

Quand on remplace la bulle de gaz par des particules d'une substance indifférente, c'est-à-dire d'une substance dont les molécules ont peu ou pas d'affinité pour l'eau, telles que des gouttelettes d'huile pure ou des parcelles de collodion, les forces propres à l'eau doivent continuer à donner naissance à une couche électrique double ; et dans le cas où celle-ci est encore due exclusivement ou pour la plus grande part à des forces semblables, ces particules doivent porter des charges négatives. C'est un fait connu depuis les expériences les plus anciennes sur la cataphorèse que les particules placées dans l'eau sont généralement chargées négativement. Mc Taggart a fait remarquer que c'est là ce qu'on pourrait prévoir si le feuillet superficiel de la couche électrique double qui adhère à la bulle de gaz ou à la particule, contient un excès d'ions OH.

Quand la matière qui forme les particules solides a pour l'eau une affinité considérable, quand, par exemple, elle est ionisée, il peut survenir des complications que l'on discutera dans un autre volume[1], mais qu'on négligera pour le moment.

Ce qui nous intéresse ici, c'est l'influence des électrolytes dissous dans l'eau sur le potentiel propre de celle-ci. Il est naturellement à prévoir que lorsque des électrolytes sont dissous dans l'eau, leurs ions se distribuent inégalement entre les deux feuillets de la couche double électrique.

---

1. « La théorie des propriétés colloïdales ».

Mc Taggart a trouvé que des sels à cation trivalent ou tétravalent ont, à concentration suffisante, une tendance à renverser le signe de la charge des bulles gazeuses. Comme les forces qui régissent la distribution des ions de charges opposées du sel sont, dans ce cas, propres à l'eau, cela signifie que les cations trivalents sont en plus grande quantité poussés dans la couche superficielle. Bien qu'il soit courant de parler d'une adsorption des ions trivalents par les bulles gazeuses, cela 'ne peut être qu'une expression imagée, puisque les cations trivalents viennent dans la couche superficielle de l'eau, non en raison de forces d'adsorption dues aux molécules gazeuses, mais en raison de forces qui ont leur origine dans l'eau elle-même. D'ailleurs l'électrisation des chutes d'eau de Lenard existe aussi dans le cas où autour de l'eau se trouve un espace vide, et il ne semble pas qu'on puisse admettre que les ions OH sont dans ce cas adsorbés par le vide. Ce serait donc une pure métaphore que de dire que les ions adsorbés transmettent leur charge au vide ou à la bulle gazeuse.

Il serait extrêmement important de continuer les expériences de Mc Taggart sur la cataphorèse des bulles d'air, dans le but de rechercher comment les ions de charges opposées des électrolytes se distribuent entre les feuillets de la double couche superficielle de l'eau lorsqu'aucune adsorption n'est possible. Mais les expériences sur la cataphorèse des bulles d'air sont difficiles, et l'auteur leur a substitué des expériences faites avec des particules de collodion. Ces particules ne paraissent avoir que peu d'influence sur la stratification ionique à la surface de l'eau avec laquelle elles sont en contact. Comme les bulles d'air, elles sont chargées négativement. La différence de potentiel entre les bulles d'air et l'eau avait été trouvée par Mc Taggart égale à 55 millivolts. L'auteur, de son côté, a trouvé des potentiels maxima de 70 millivolts, entre les particules de collodion et l'eau[1]. Des expériences sur l'influence qu'exercent des électrolytes sur la différence de potentiel entre les particules de collodion et l'eau pourront donc peut-être donner une idée de la manière dont les ions de ces électrolytes se distribuent à la surface de l'eau sous l'influence des forces propres au liquide même, bien qu'il ne soit pas certain que la stratification ionique soit identique dans les deux cas.

On peut calculer les différences de potentiel entre les particules de collodion et l'eau en partant des observations sur la mobilité des particules isolées dans un champ électrique. Pour ces mesures, on a employé la méthode microscopique d'Ellis[2], et de Powis[3], et on s'est servi de l'appareil amélioré par Northrop[4] avec des électrodes impolarisables. Au moyen de la mobilité exprimée en centimètres par seconde pour un champ de un volt par centimètre $\times$ 10⁻⁴, on peut calculer la différence de potentiel entre les particules de collodion et l'eau en multipliant sa valeur par 14 (à la température d'environ 24°). Le calcul se base sur l'équation de Helmholtz-Lamb :

$$\text{Différence de potentiel} = \frac{4\eta v\pi}{KX}$$

1. Loeb (J.), *J. Gen. Physiol.*, t. V, p. 109, 1922-23.
2. Ellis (R.), *Z. physik. Chem.*, t. LXXVIII, p. 321, 1911 et t. LXXX, p. 597, 1912.
3. Powis (F.), *Z. physik. Chem.*, t. LXXXIX p. 91, 1914-15.
4. Northrop (J.-H.), *J. Gen. Physiol.*, t. IV, p. 629, 1921-22.

où η est la viscosité de la solution, v la vitesse de la particule en centimètres par seconde, K la constante diélectrique de la solution, et X le gradient de potentiel, c'est-à-dire la chute de potentiel en unités électrostatiques par centimètre. On trouvera les détails de ce calcul dans Burton[1], Ellis, Powis ou Northrop, et les détails spéciaux relatifs à la préparation d'une suspension de particules de collodion dans le mémoire original de l'auteur.

L'expérience montre que la différence de potentiel entre les particules et l'eau est à son minimum quand l'eau approche du point de neutralité. Les particules restent chargées négativement en présence d'alcali ou d'acide. On a obtenu une différence de potentiel maximum lorsque la concentration des acides ou des alcalis était d'environ $m/512$; un accroissement plus considérable de la quantité d'acide ou d'alcali en fait retomber la valeur. C'est ce que montre la figure 16 où les abscisses sont les concentrations des acides ou des alcalis, et les ordonnées la différence de potentiel comptée en millivolts. Le signe de la charge des particules étant négatif, les valeurs des différences de potentiel portées au-dessus de la ligne de zéro sont négatives. La ligne de « différence de potentiel critique » est celle des différences au-dessous desquelles les suspensions ne sont plus stables[2].

Il résulte de ces observations qu'aussi bien les

---

1. Burton (E.-F.), « The Physical Properties of Colloidal Solutions », Londres, New-York, Bombay, Calcutta et Madras, 2ᵉ éd., pp. 136-37, 1921.

2. Ces expériences et les suivantes ont été décrites par Loeb (J.), *J. Gen. Physiol.*, t. V, p. 109, 1922-23.

acides que les alcalis rendent les particules plus
négatives et nous devons en conclure que les
ions négatifs des uns et des autres de ces corps,
sont entraînés dans la couche la plus extérieure
de l'eau, celle qui se meut avec les particules,
tandis que les cations sont repoussés plus pro-

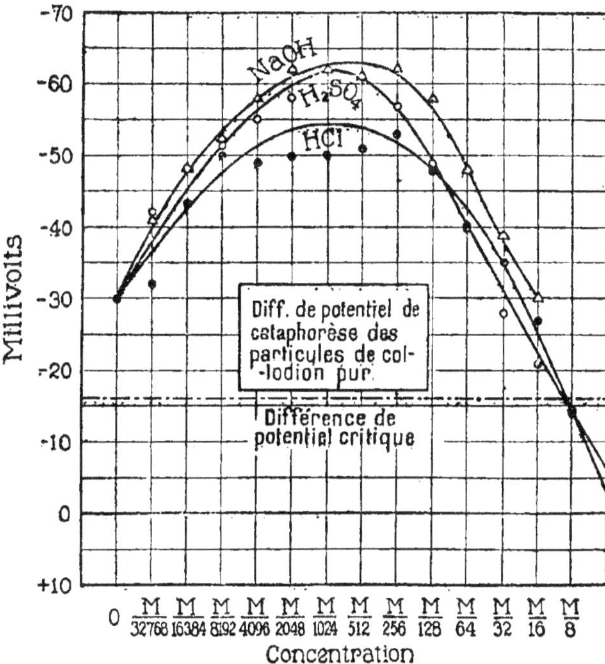

Fig. 16. — Influence des acides et des alcalis sur les différences de
potentiel de cataphorèse entre les particules de collodion et l'eau.
Le pH de l'eau était à l'origine d'environ 5,0. Les abscisses sont
les concentrations d'acide ou d'alcali ; les ordonnées, les différences de potentiel en millivolts; les particules de collodion
portent une charge négative. La ligne marquée « différence de
potentiel critique » (pour 16 millivolts) est, dans cette figure et
dans les suivantes, la différence de potentiel au-dessous de laquelle
la suspension de collodion n'est plus stable.

fondément dans la masse du liquide. Si nous
substituons des sels aux acides et aux alcalis,
nous remarquons qu'ils ont un effet analogue.
Les anions vont se placer dans la couche la plus

superficielle de l'eau, rendant ainsi plus négatif le feuillet qui adhère aux particules de collodion, à condition que la différence de potentiel initial soit faible. Plus grande est la valence de l'anion du sel, plus basse est la concentration pour laquelle il fait atteindre la différence de potentiel maxima d'environ 70 millivolts. Une addition ultérieure de sels abaisse au contraire la différence de potentiel, en raison probablement de ce qu'un plus grand nombre de cations peuvent alors s'introduire dans la couche superficielle de l'eau. Les cations ont toujours tendance à être repoussés à une certaine profondeur dans la solution, mais cette tendance est peut-être d'autant plus faible que la valence du cation est plus élevée. Les cations trivalents et tétravalents paraissent capables de s'introduire justement dans la couche la plus superficielle de l'eau, d'où résulte que l'addition d'un sel à cation trivalent comme $LaCl^3$ renverse le signe de la différence de potentiel, les particules de collodion prenant alors une charge positive, et l'eau une charge négative.

La figure 17 fait connaître les résultats des mesures de différence de potentiel entre les particules de collodion et les solutions des cinq sels suivants : $Na^4Fe(CN)^6$, Na^2SO^4, $NaCl$, $CaCl^2$ et $LaCl^3$, toutes ces solutions ayant un pH de 5,8. L'expérience avait pour but de montrer l'influence relative de la valence des anions et des cations sur la différence de potentiel de cataphorèse. La différence de potentiel croissait par addition de sel à cation monovalent (Na) jusqu'à une valeur maxima d'environ 70 millivolts, mais la concentration nécessaire pour atteindre ce maximum était la plus petite avec Na⁴Fe(CN)⁶, un peu plus élevée avec Na²SO⁴, et encore un peu plus avec NaCl. Un accroissement plus considérable de la concentration des sels diminuait la différence de potentiel : les courbes correspondantes s'abaissent alors rapidement (fig. 17). Le

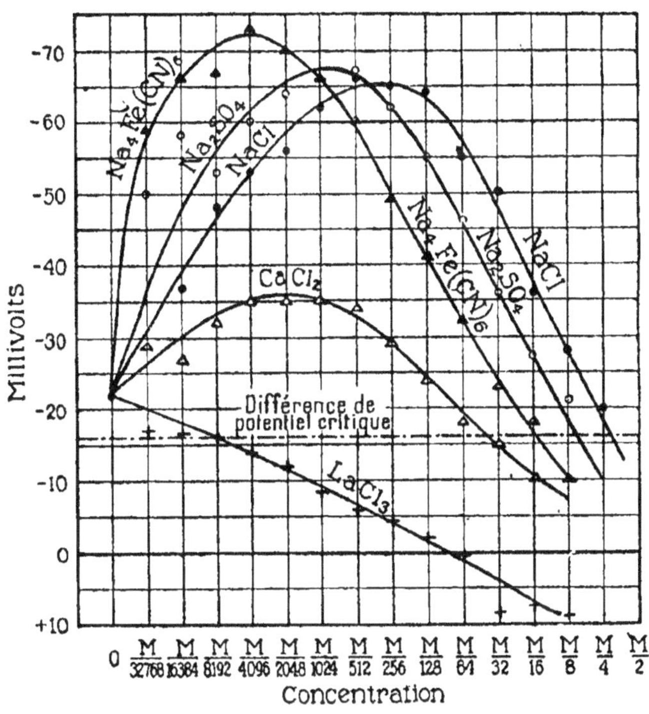

Fig. 17. — Influence sur la différence de potentiel pour pH = 5.8 des sels : Na⁴Fe(CN)⁶, Na²SO⁴, NaCl, CaCl², et LaCl³. L'addition d'une petite quantité de sel à cation monovalent augmente la différence de potentiel jusqu'à environ 70 millivolts, et d'autant plus rapidement que la valence de l'anion est plus élevée. Avec CaCl², la croissance est faible, et, avec LaCl³, elle disparaît pour les concentrations employées. A des concentrations supérieures à $m/64$, LaCl³ renverse le signe de la charge des particules.

maximum était un peu plus élevé avec Na⁴Fe(CN)⁶ qu'avec Na²SO⁴, et encore un peu plus élevé avec ce dernier sel qu'avec NaCl.

La figure 17 montre encore que la croissance
initiale de la différence de potentiel ne se produit pas du tout, ou ne se produit que pour une
concentration très basse, lorsque le sel que l'on
ajoute est $LaCl^3$ et que l'augmentation est très
faible lorsque le sel ajouté est $CaCl^2$: la différence de potentiel maxima est alors de 36 millivolts pour une concentration du sel égale à
$m/2.048$. Les courbes, après leur maximum,
retombent rapidement et cette chute paraît être
due aux cations seuls. En comparant les bran-
ches descendantes des courbes, on voit que pour
abaisser la différence de potentiel depuis son
maximum (environ 70 millivolts) jusqu'à 27,5 millivolts par exemple, il faut employer les concentrations moléculaires suivantes des différents sels :

NaCl. . . . .' $m/8$
Na^2SO^4. . . . . $m/16$
$Na^4Fe(CN)^6$. . . . un peu moins de $m/32$
$CaCl^2$. . . . . entre $m/128$ et $m/256$

Ceci indique que l'abaissement dû aux trois
sels de Na est presque le même à concentration
égale des cations, quel que soit l'anion, tandis
que l'abaissement produit par $CaCl^2$ est de 16 à
32 fois plus grand que celui de NaCl. Il n'est
pas douteux après cela que l'abaissement est dû
à l'ion dont la charge est de signe opposé à celle
des particules de collodion (ou plus exactement
de la couche d'eau qui se meut avec elles), la particule étant chargée négativement. Ceci est d'accord avec la loi de Hardy.

Même aux faibles concentrations, $LaCl^3$ diminue la différence de potentiel pour un pH $= 5,8$,
de telle sorte que, pour une concentration molé-

culaire de $m/64$, la différence de potentiel est exactement nulle (fig. 17). Si la concentration de LaCl^3 devient plus élevée, la différence de potentiel change de signe ; les particules de collodion sont chargées positivement et l'eau négativement. Mc Taggart a observé le même change-

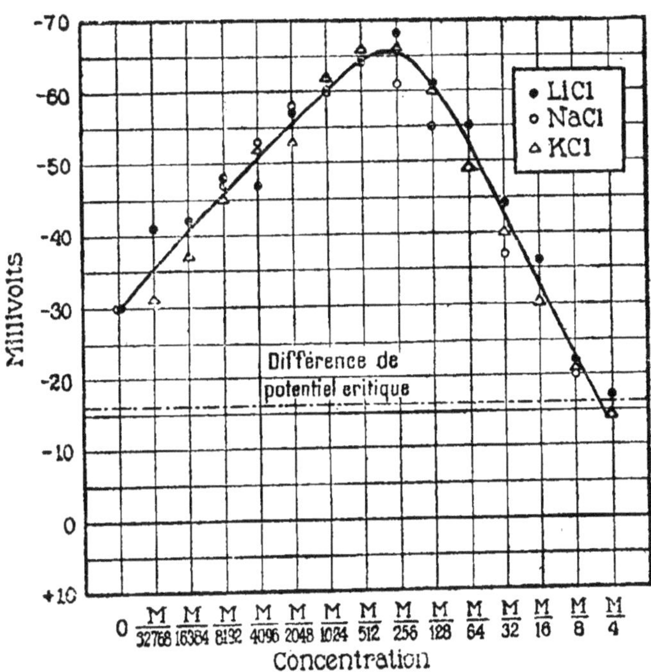

Fig. 18. — Influence sur la différence de potentiel pour pH $= 4,7$ des sels LiCl, NaCl et KCl.

ment par les cations trivalents du signe de la charge des bulles gazeuses. Ce renversement de signe est donc principalement, sinon exclusivement, attribuable à des forces propres au liquide même.

Y a-t-il d'autres propriétés de l'ion que la valence qui contribuent à abaisser la charge des particules ? L'auteur prévoyait que les chlorures de Li, Na et K montreraient entre eux quelques différences à cet égard. A l'observation, aucune ne s'est révélée dans leur influence sur la différence de potentiel de cataphorèse, comme le montre la figure 18. S'il existe une différence, elle est inférieure aux erreurs possibles des expé-

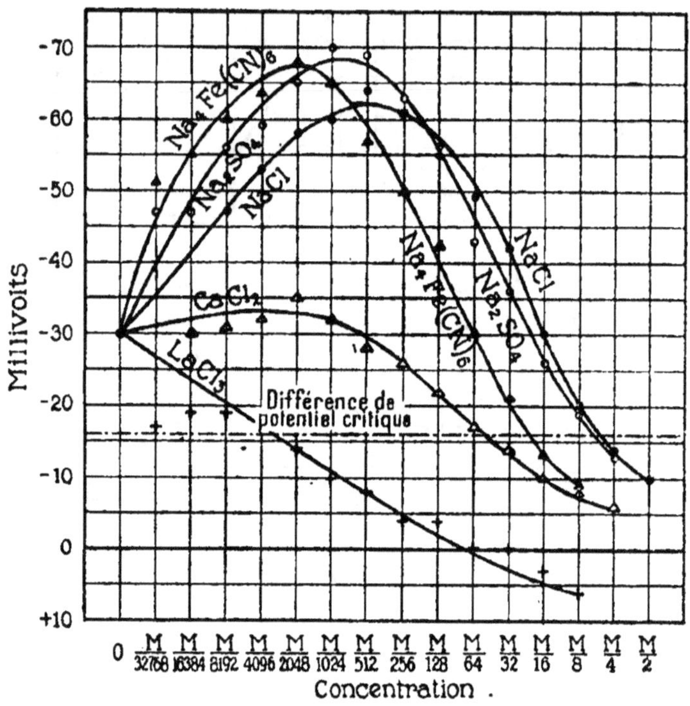

Fig. 19. — Cette figure est toute semblable à la figure 17, mais correspond à un pH = 4,7.

riences. Celles-ci ont été faites pour un pH = 4,7. La figure 19 montre que l'influence des sels sur la différence de potentiel de cataphorèse des particules de collodion est à peu près la même lorsque le pH est égal à 4,7 (fig. 19), ou lorsqu'il est égal à 5,8 (fig. 17).

Quand on opère dans un milieu fortement

alcalin, tel qu'une solution de KOH $n/1.000$ (fig. 20), la différence de potentiel est déjà d'environ 60 millivolts avant toute addition de sels. Une telle addition ne peut alors que faire croître la différence de potentiel jusqu'à son maximum ordinaire d'environ 70 millivolts. Cette légère

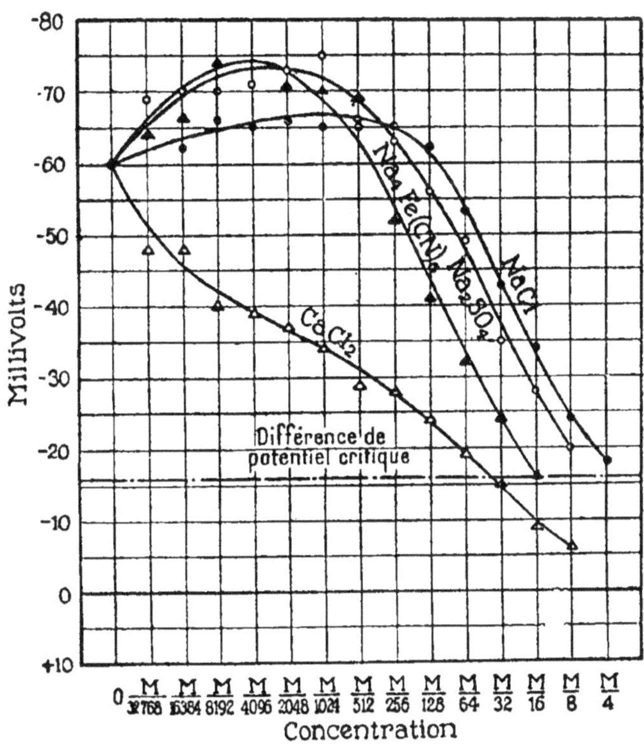

Fig. 20. — Influence des sels sur la différence de potentiel de cataphorèse lorsque le pH $= 11,0$. En l'absence de sel, la différence de potentiel est très voisine de son maximum ; par suite, l'addition de sel ne peut la faire croître que faiblement.

augmentation se produit avec $Na^4Fe(CN)^6$ et Na^2SO^4, mais à un moindre degré avec NaCl. Pour tous les sels, des concentrations atteignant $m/256$ ou même moindres, ne produisent plus qu'abaissement.

Pour abaisser la différence de potentiel jusqu'à 35 millivolts dans une solution de KOH $n/1000$, il faut employer des concentrations salines qui sont pour NaCl $m/16$, pour Na²SO⁴ $m/32$, pour Na⁴Fe(CN)⁶ un peu moins de $m/64$ et pour CaCl² à peu près $m/1.500$. L'ion qui abaisse la différence

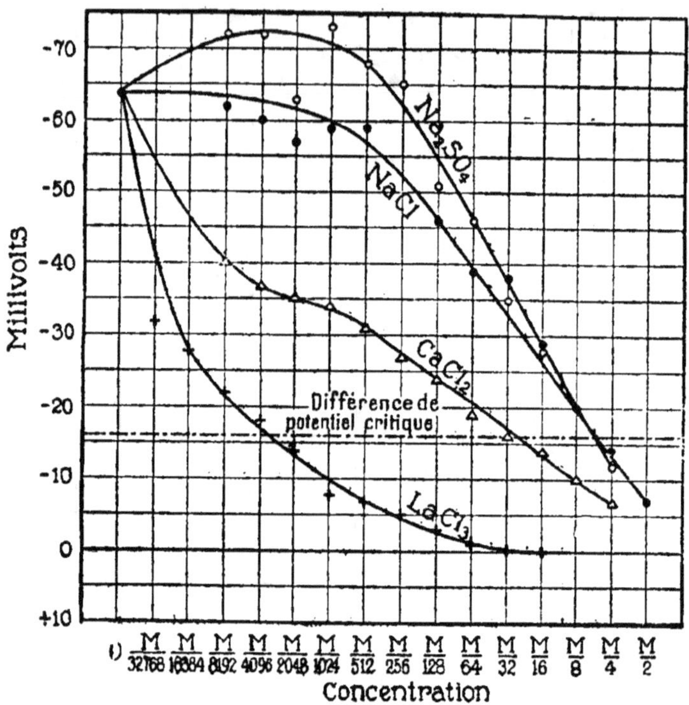

Fig. 21. — Influence des sels sur la différence de potentiel lorsque pH = 3,0 (voir la légende de la fig. 20).

de potentiel est donc le cation, comme on pouvait le prévoir puisque la particule de collodion, ou plus exactement la couche d'eau qui lui est liée dans son mouvement, possède une charge négative.

Quand on opère à des concentrations élevées en ions H, telles que celle d'une solution de HCl $n/1.000$ (fig. 21), les particules ont à peu près leur charge maxima sans addition de sels, la différence de potentiel étant alors voisine de 64 millivolts. Par suite, l'addition de NaCl n'augmente pas cette quantité, et Na_2SO_4 ne la fait croître que jusqu'à 72 millivolts. A des concentrations même inférieures à $m/256$, les sels diminuent la charge des particules. Ces particules ayant toujours une charge négative, l'abaissement augmente notablement lorsque croît la valence du cation, comme on pouvait s'y attendre ; pour diminuer la charge jusqu'à 27,5 millivolts, il faut employer des concentrations de NaCl $m/16$, de $CaCl_2$ $m/256$, et de $LaCl_3$ $m/16.384$. Dans cette solution acide, $LaCl_3$ diminue la différence de potentiel, mais n'arrive pas à renverser le signe de la charge, peut-être parce que la différence de potentiel initiale due à l'acide est trop élevée.

On a souvent indiqué que les ions H et OH agissent sur la différence de potentiel plus fortement que les autres ions ; ce n'est pas ce que nous ont montré nos expériences ; en comparant les figures 16 et 17, on voit que HCl, H_2SO_4 et NaOH agissent sur la différence de potentiel tout à fait comme NaCl ou Na_2SO_4. La raison pour laquelle l'addition d'un sel n'augmente pas beaucoup la différence de potentiel en solution $n/1.000$ de HCl ou de NaOH, c'est que cette différence de potentiel a déjà presque atteint son maximum avant toute addition saline, et qu'ainsi, l'abaissement peut être la seule influence observable.

L'opinion que les ions H et OH ont une activité plus grande que les autres ions monovalents n'est pas exacte lorsqu'il s'agit de substances chimiquement inertes comme le collodion. L'affirmation que les ions H agissent comme les ions

Na sur la différence de potentiel de cataphorèse des particules de collodion est encore appuyée par le fait que les acides n'abaissent pas cette différence de potentiel plus que ne le font les ions Na, comme le montre encore la comparaison des figures 16 et 17. On observe le renversement de la différence de potentiel par addition de $LaCl^3$ à la solution, mais non par addition de HCl ou de NaCl.

Toutes ces expériences montrent donc qu'il est nécessaire de mesurer la concentration en ions H de la solution, faute de quoi il n'est pas possible de reproduire et de comparer exactement les résultats obtenus.

Nous arrivons ainsi à cette conclusion qu'aussi longtemps que la concentration des électrolytes dans l'eau est faible, un excès d'ions négatifs se trouve toujours poussé dans la couche la plus extérieure de l'eau et détermine le signe de la charge des particules mobiles, tandis que les cations occupent une position plus profonde à l'intérieur du liquide. Cela est vrai aussi bien dans le cas des acides et des alcalis que des sels. Les forces qui repoussent les cations dans l'intérieur de la masse liquide semblent diminuer lorsque s'accroît la valence de ces cations, de sorte que lorsqu'un cation est trivalent ou tétravalent et que l'anion est univalent, il arrive qu'il peut y avoir excès de cations dans la couche extérieure du liquide ; le signe de la charge de la particule se trouve alors renversé. Comme d'ailleurs ce renversement se produit lorsqu'on remplace la particule de collodion par une bulle d'air, il est bien possible que nous n'ayions pas affaire à une adsorption d'ions par la particule de collodion (ou au moins que ce phénomène soit secondaire), mais que ce que nous observons tienne à une modification du potentiel intrinsèque de l'eau, liée à une certaine stratification ionique dans la couche superficielle.

II. — Différence de potentiel critique et stabilité des suspensions [2]

On peut montrer que la stabilité d'une suspension de particules de collodion sans protéine dépend de la différence de potentiel de cataphorèse, car la précipitation de cette suspension se produit toujours au-dessous d'une même valeur critique de cette différence de potentiel qui est d'environ 16 millivolts.

Quand on agite la suspension mère des particules de collodion de façon à amener ces particules à se distribuer également dans le liquide, et qu'on ajoute une goutte de cette suspension à 10 centimètres cubes d'eau distillée (de pH = 5,8), la dilution obtenue est laiteuse quand on l'agite et demeure telle pendant plusieurs jours. Au bout de ce temps, les plus grosses particules se sont déposées, et il ne reste qu'une suspension d'un gris nébuleux qui, peu à peu, après une nouvelle chute des particules de plus grande dimension, prend une opalescence bleuâtre ; celle-ci peut subsister pendant de nombreuses semaines (« indéfiniment »). Dans ce cas le dépôt se produit lentement. Quand on ajoute une goutte de la suspension mère à 10 centimètres cubes d'une solution saline dans l'eau (dont le

---

1. Loeb (J.), *J. Gen. Physiol.*, t. V, p. 109, 1922-23.

pH est encore 5,8), on a remarqué qu'il y a une concentration critique du sel qui varie avec sa nature et au-dessous de laquelle la suspension se comporte comme si elle était faite dans l'eau distillée ; au contraire, pour une concentration même très peu supérieure, toute la masse de collodion se dépose complètement en douze heures ou même moins, ne laissant qu'une solution aqueuse parfaitement claire et non opalescente.

Il est donc relativement facile de déterminer à quelle concentration le dépôt lent est remplacé par un dépôt rapide dû à une coalescence des petites particules en masses plus grandes. On a trouvé que pour les concentrations de sels qui produisent un dépôt rapide, la différence de potentiel de cataphorèse entre les particules et la solution aqueuse tombe au-dessous d'une valeur d'environ 16 millivolts, quelle que soit d'ailleurs la nature de l'électrolyte qui produise la précipitation. Quand la différence de potentiel est supérieure à cette valeur, la suspension est aussi stable que sans addition d'électrolytes, et la stabilité n'est pas plus grande lorsque la différence de potentiel atteint 60 ou 70 millivolts que quand elle tombe à 50 ou à 25.

La table VI fait connaître les résultats des expériences de précipitation par les électrolytes des particules de collodion en suspension. Dans une première série d'expériences, le pH est égal à 5,8, dans une seconde à 11,0 et dans une troisième à 3,0. Dans la seconde colonne de la table VI, on trouvera les concentrations minima pour lesquelles la précipitation a été observée, c'est-à-dire pour lesquelles la solution s'est com-

TABLE VI

Charge de cataphorèse et stabilité des suspensions de particules de collodion.

	Concentration minima produisant la précipitation.	Différence de potentiel en millivolts.	Concentration maxima compatible avec la stabilité.	Différence de potentiel en millivolts.
pH 5,8				
LiCl	$m/2$	(10)	$m/4$	17
NaCl.	$m/2$	10	$m/4$	14
KCl	$m/4$	14	$m/8$	21
Na^2SO^4	$m/4$	13	$m/8$	19
$Na^4Fe(CN)^6$ . . .	$m/16$	13	$m/32$	21
$MgCl^2$	$m/16$	11	$m/32$	15
$MgSO^4$.	$m/16$	15	$m/32$	19
$CaCl^2$	$m/32$	14	$m/64$	17
$LaCl^3$	$m/2.048$	14	$m/4.096$	21
pH 11,0				
NaCl.	$m/2$	. . .	$m/4$	18
Na^2SO^4.	$m/4$	. . .	$m/8$	20
$Na^4Fe(CN)^6$ . . .	$m/16$	16	$m/32$	24
$CaCl^2$	$m/32$	15	$m/64$	19
pH 3,0				
NaCl.	$m/2$	7	$m/4$	14
Na^2SO^4.	$m/4$	12	$m/8$	(perdu)
$CaCl^2$	$m/32$	16	$m/64$	19
$LaCl^3$	$m/2.048$	14	$m/4.096$	18
H^2SO^4	$m/4$	. . .	$m/8$	14

plètement clarifiée en moins de dix-huit heures à une température d'environ 20°; et dans la colonne 4, les concentrations maxima pour lesquelles les suspensions restent « indéfiniment » stables, c'est-à-dire opaques pendant des jours et opalescentes pendant des semaines, où, en d'autres termes, le sel ne détermine pas de coalescence des particules. On n'a pas cherché à déterminer la concentration critique avec plus d'exactitude que les limites de concentration indiquées dans la table VI, parce qu'on a pensé qu'on n'arriverait probablement pas à définir ainsi avec plus de précision la quantité vraiment importante, à savoir la différence de potentiel critique entre les particules et la solution. On trouvera dans la colonne 3 les différences de potentiel entre particules et solution pour les concentrations minima qui produisent la précipitation, et dans la colonne 5, celles qui correspondent aux concentrations maxima pour lesquelles la suspension reste stable.

On peut noter que l'action précipitante est pour des acides tels que HCl ou H_2SO_4 du même ordre de grandeur que pour les sels de Na, mais non du même ordre de grandeur que pour ceux de La. Ceci est d'accord avec l'indication que nous avons donnée antérieurement que les acides ont sur la différence de potentiel la même action que les sels à cation monovalent (tels que NaCl).

La valeur moyenne de toutes les différences de potentiel pour les concentrations minima qui produisaient la précipitation, était de 13 millivolts, la moyenne de toutes les différences de potentiel pour lesquelles les suspensions restaient stables était de 18,5 millivolts, quel que fût le pH. Ceci fait penser que la valeur critique probable de la différence de potentiel pour laquelle la précipitation commence est voisine de 16 millivolts. Chaque différence de potentiel évaluée d'après la mobilité par cataphorèse n'est probablement exacte qu'à $\pm$ 2 millivolts de la valeur réelle, ce qui explique, dans la table VI, certaines petites variations autour de la valeur indiquée.

Ces mesures confirment la conclusion à laquelle sont arrivés Powis [1], Burton [2], ainsi que Northrop et De Kruif [3] qu'il existe, pour la stabilité des suspensions, une différence de potentiel critique, dont la valeur est d'environ 16 millivolts pour les particules de collodion en suspension dans les liquides aqueux. Lorsque la différence de potentiel tombe au-dessous de cette valeur, les particules qui viennent à se rencontrer n'éprouvent plus aucune répulsion électrostatique réciproque, mais sont libres d'adhérer les unes aux autres et de se réunir (ou encore de s'agglutiner ou de coaguler) en particules plus grosses qui tombent rapidement au fond du vase. Cette coalescence des particules lors de leur rencontre est due à l'attraction réciproque de certains groupes chimiques de leur molécule. Si la différence de potentiel est supérieure à 16 millivolts, les particules se repoussent les unes les autres quand elles se rencontrent avec une force suffisante pour empêcher leur réunion. Si la valeur critique est une fois dépassée, la stabilité de la solution ne s'accroît pas quand la charge s'accroît. J'ai remarqué qu'il n'y a pas

1. Powis (F.), *Z. physik. Chem.*, t. LXXXIX, p. 186, 1914-15.

2. Burton (E.-F.), « The Physical Properties of Colloidal Solutions », Londres, New-York, Bombay, Calcutta et Madras, 2ᵉ éd. 1921.

3. Northrop (J.-H.), et De Kruif (P.-H.), *J. Gen. Physiol.*, t. IV, pp. 639 et 655, 1921-22.

de différence dans la vitesse de dépôt d'une suspension de collodion quand la charge varie entre 20 et 70 millivolts.

Les particules de collodion portant généralement une charge négative, on pouvait prévoir que seuls les cations pourraient produire la précipitation. Cela est d'accord avec le fait que l'activité précipitante des sels s'accroît rapidement avec la valence du cation. Ainsi pour NaCl, $CaCl^2$ et $LaCl^3$, l'activité précipitante mesurée par l'inverse de la valeur de la concentration minima nécessaire à la précipitation (colonne 2, table VI) est dans le rapport 1 : 16 : 1024. Cette action de la valence est beaucoup plus grande qu'elle ne le serait si la différence de potentiel qui détermine la stabilité était due à un phénomène de Donnan.

On a souvent posé la question de savoir si l'ion d'un sel dont la charge a le même signe que celle de la particule colloïdale ne contrarierait pas l'action précipitante de l'autre ion. Les concentrations moléculaires qui produisent la précipitation sont respectivement pour NaCl, Na^2SO^4 et $Na^4Fe\,(CN)^6$ $m/2$, $m/4$, et $m/16$ environ. Dans les solutions de NaCl $m/2$ et de Na^2SO^4 $m/4$, la concentration des cations est pratiquement identique. Si l'anion pouvait gêner la précipitation, la concentration de Na^2SO^4 nécessaire pour obtenir la précipitation deviendrait plus grande que $m/4$, ce qui n'est pas. La concentration précipitante de $Na^4Fe(CN)^6$ est même plus petite que celle qu'on pourrait prévoir si l'ion Na intervenait seul. On n'observe dans ces expériences aucune peptisation par les anions polyvalents.

Il est toutefois possible de conclure des chiffres que nous avons donnés qu'une peptisation par les sels peut se produire quand la différence de potentiel dans l'eau pure est au-dessous de la valeur critique. Si dans ce cas le sel fait croître la différence de potentiel, la suspension sera stabilisée.

III. — Différence de potentiel critique et stabilité des émulsions

Dans la littérature relative aux colloïdes, on a fait une distinction entre ce qu'on appelle les émulsoïdes et les suspensoïdes. Cette nomenclature avait pour base l'hypothèse que l'influence des électrolytes sur la stabilité des émulsions d'une part, des suspensions de particules solides, d'autre part, était différente; mais les expériences de Powis[1] sur les gouttes d'huile ont montré que cette hypothèse n'est pas exacte. Les gouttes d'huile en suspension dans l'eau portent ordinairement une charge négative et la différence de potentiel maxima observée dans les expériences de Powis est de 70 millivolts. Ces gouttes se comportent donc à cet égard comme des particules de collodion, et nous pouvons en induire que la différence de potentiel observée est due à des forces, exclusivement ou pour une large part, propres à l'eau même. On peut noter que Powis travaillait avec une huile pure, pratiquement sans acide.

La figure 22 montre l'influence de différents sels sur la différence de potentiel des gouttelettes.

---

1. Powis (F.), *Z. physik. Chemie.*, t. LXXXIX, p. 91, 1914-15.

Les ordonnées en sont ces différences de potentiel en volts, tandis que les abscisses sont les racines cubiques des concentrations en millimolécules-grammes par litre. Les gouttelettes d'huile portent une charge négative comme les particules de collodion. On remarquera que l'addition de $K_4 Fe(CN)_6$ fait croître la différence de potentiel de 46 à 70 millivolts, tandis que celle de KCl ne

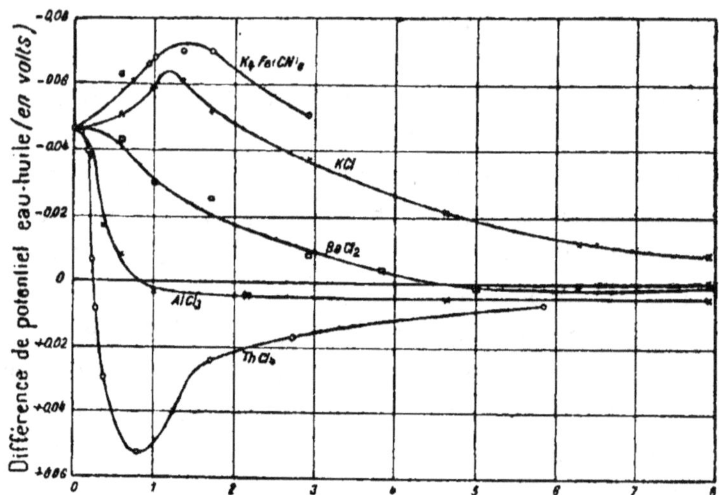

Fig. 22. — Influence des sels sur la différence de potentiel de gouttelettes d'huile dans l'eau, d'après Powis. Les abscisses sont les racines cubiques de la concentration des électrolytes en millimolécules-grammes par litre, les ordonnées sont les différences de potentiel en volts.

la fait croître que de 46 à 61 millivolts. Les sels $BaCl^2$, $AlCl^3$, et $ThCl^4$ ne font que diminuer la charge des particules et les deux derniers en renversent même le signe. La figure 22 empruntée à Powis est dans l'ensemble d'accord avec la figure 17 représentant les observations faites sur des particules de collodion. En recherchant la concentration de ces sels nécessaire pour produire la floculation d'une émulsion d'huile, on a vu que cette floculation se produit quand la différence de potentiel tombe au-dessous de la valeur critique de 30 millivolts. Comme l'abaissement de cette différence par les sels croît avec la valence de leur cation, leur action sur la précipitation croît avec cette même valence, ce qui est d'accord avec la loi de Hardy.

Les conditions qui déterminent la stabilité d'une émulsion d'huile sont donc les mêmes qui déterminent la stabilité d'une suspension de particules de collodion ou encore de bacilles typhiques ou peut-être des suspensions en général.

On remarquera que dans tous ces cas il suffit de concentrations relativement faibles d'un sel pour produire la floculation et que l'activité floculante de divers sels croît rapidement avec la valence de celui de leurs ions dont la charge est de signe opposé à celle des particules colloïdales ou des gouttelettes d'huile. Ceci jouera un rôle important quand on voudra décider si les solutions de protéines naturelles sont ou non des émulsions.

Les charges de cataphorèse des particules qui ont peu ou pas d'affinité pour l'eau comme les gouttes d'huile ou les particules de collodion, ne sont pas dues à des potentiels d'adsorption, mais sont avant tout la manifestation d'un potentiel intrinsèque de l'eau, c'est-à-dire de la stratification ionique de la couche superficielle de l'eau, phénomène déterminé, semble-t-il, par des forces propres à l'eau elle-même.

Les particules solides ont, elles aussi, un potentiel intrinsèque; si la couche superficielle de la particule en suspension a pour l'eau une affinité considérable, elle sera capable de modifier la stratification ionique due aux forces propres à l'eau seule, ou même d'en renverser l'ordre.

CHAPITRE VI

CARACTÈRE CRISTALLOIDE DES SOLUTIONS DE CERTAINES PROTÉINES NATURELLES DANS L'EAU

Nous avons à résoudre la question suivante : Les protéines sont-elles maintenues en solution aqueuse par les mêmes forces qui déterminent la solubilité des cristalloïdes dans l'eau, ou, au contraire, par ces doubles couches électriques qui tiennent en suspension les gouttes d'huile ou les particules de collodion et dont nous avons parlé au chapitre précédent ? Nous allons voir que la réponse varie suivant les différentes protéines. Les forces qui maintiennent en solution les cristalloïdes sont, d'après Langmuir et Harkins, des forces de valence secondaire, c'est-à-dire d'attraction entre la molécule du dissous (ou plus exactement entre certains groupes de sa molécule) et les molécules d'eau. C'est ce que fait comprendre la citation suivante de Langmuir :

« L'acide acétique est très soluble dans l'eau parce que le groupe COOH a une forte valence secondaire par laquelle il se combine à l'eau. L'acide oléique n'est pas soluble parce que l'affinité pour l'eau des chaînes hydrocarbonées est moindre que leur affinité entre elles. Quand on met de l'acide oléique dans l'eau, l'acide s'étend à la surface, parce que de cette manière *le*

groupe COOH peut se dissoudre dans l'eau
sans que les chaînes hydrocarbonées se séparent
les unes des autres.

« Quand la surface sur laquelle s'étend l'acide
est assez grande, la double liaison de la chaîne
hydrocarbonée se trouve aussi étalée à la surface
de l'eau, de sorte que l'aire occupée est beaucoup
plus grande que dans le cas des acides saturés.

« Les huiles qui ne contiennent pas de groupes
actifs, comme par exemple l'huile de paraffine
pure, ne s'étalent pas à la surface de l'eau[1]. »

Lorsque des particules sont maintenues en
suspension par une couche électrique double, le
fait se révèle de deux manières, toutes deux
exposées dans le chapitre précédent. D'abord il
suffit de faibles concentrations salines pour
détruire la différence de potentiel entre les particules et le liquide et produire la précipitation ;
en second lieu, l'ion actif du sel a toujours une
charge électrique de signe opposé à celui de l'ion
de la protéine. Lorsqu'on applique ces deux cri-
tères, on voit avec évidence que les solutions
aqueuses de certaines protéines naturelles, telles
que l'ovalbumine cristallisée ou la gélatine, ne
sont ni des suspensions, telles que celle des particules de collodion, ni des émulsions, telles qu'en
forme l'huile pure dans l'eau.

Tout d'abord il a été remarqué par tous les
expérimentateurs que pour précipiter ces protéines de leur solution, il faut employer d'é-
normes concentrations de sel ; de plus on a
trouvé que le signe de la charge de l'ion actif du
sel précipitant n'est pas contraire au signe de la

---

1. Langmuir (I.), *J. Am. Chem. Soc.*, t. XXXIX, p. 1850, 1917.

charge de l'ion de protéine à précipiter, On prépare par exemple des solutions de gélatine à 0,8 p. 100 de pH divers, savoir 4,7 (gélatine isoélectrique), 3,8 (chlorure de gélatine) et 6,4 à 7,0 (gélatinate de Na), et on se propose de trouver quelles seront les concentrations moléculaires de divers sels $(NH^4)^2 SO^4$, Na^2SO^4 $MgSO^4$, KCl et $MgCl^2$ qui précipiteront ces solutions. La table VII fait voir que les sulfates précipitent plus aisément que les chlorures, quel que soit le pH.

On y remarquera qu'il n'est possible de précipiter, ni le chlorure de gélatine, ni la gélatine isoélectrique, ni le gélatinate de Na par des concentrations de $MgCl^2$ aussi fortes que $3m$, tandis que les sulfates se montrent bien meilleurs précipitants que les chlorures, sans égard au signe de la charge de l'ion de protéine qui était positive pour pH = 6,4, négative pour pH = 3,8

TABLE VII

Concentration moléculaire minima nécessaire pour précipiter des solutions à 0,8 p. 100 de gélatine.

pH DE LA SOLUTION DE GÉLATINE	CONCENTRATION MOLÉCULAIRE APPROXIMATIVE DU SEL NÉCESSAIRE POUR LA PRÉCIPITATION				
	$(NH^4)^2SO^4$	Na^2SO^4	$MgSO^4$	KCl	$MgCl^2$
4,7	15/16 m	6/8 m	10/8 m	> 3 m	>> 3 m
3,8 (chlorure de gélatine)	13/16 m	5/8 m	7/8 m	3 m	>> 3 m
6,4 à 7,0 (gélatinate de Na)	16/16 m	7/8 m	9/8 m	> 3 m	>> 3 m

et nulle pour pH $= 4,7$. Si les particules de protéines étaient tenues en suspension par des couches électriques doubles, $MgCl^2$ devrait précipiter le gélatinate de Na mieux que $(NH^4)^2SO^4$, alors que c'est l'inverse qui se produit. Nous avons vu également au chapitre précédent que, lorsque des particules de collodion à charge négative sont en suspension, une solution de $MgCl^2$ *m*/8 suffit déjà à les précipiter.

La seule conclusion logique qu'on puisse tirer de ces faits, est que les forces qui retiennent en solution certaines protéines naturelles telles que la gélatine, l'ovalbumine et d'autres encore, ne sont pas dues à une double couche électrique entourant chaque particule de protéine. Certains auteurs comme Hardy attribuent la précipitation des protéines naturelles par les sels à certaines altérations chimiques de ces dernières[1]. Abderhalden remarque que ce phénomène semble dépendre de la présence de certains groupes d'acides aminés, tels que la tyrosine ou la cystine, dans la molécule de protéine.

D'autres auteurs qui refusent de considérer comme cristalloïdes toutes les solutions de protéines, essayent d'échapper aux difficultés en admettant que les solutions de protéines sont des émulsions semblables à celle de l'huile dans l'eau[2]. Malheureusement pour cette hypothèse (qui n'est basée sur aucun fait et qui n'est que purement verbale), les émulsions d'huile pure se comportent d'après Powis[3], exactement comme les suspen-

---

1. Hardy (W.-B.), *J. Physiol.*, t. XXXIII, p. 258, 1905-06.
2. C'est ainsi que Wo. Ostwald appelle les solutions de protéines des émulsoïdes, les distinguant ainsi des suspensoïdes formés, par ex., par les particules de collodion.
3. Powis (F.), *Z. physiol. Chem.*, t. LXXXIX, p. 186, 1914-15.

sions des particules de collodion en ce qui concerne l'influence des électrolytes sur leur agglutination, comme on l'a vu au précédent chapitre. Appeler les solutions de protéines naturelles des émulsions ou des émulsoïdes, ne résoud pas les difficultés qui s'opposent à laisser admettre que toutes les protéines naturelles sont tenues en solution par des couches électriques doubles.

Nous sommes donc obligés de considérer qu'il est possible que les solutions dans l'eau de certaines protéines ne diffèrent pas des solutions de cristalloïdes. La seule difficulté que rencontre cette hypothèse est dans les observations de Hardy sur les suspensions d'albumine d'œuf dénaturée (par ébullition) : ces suspensions ont un minimum de stabilité au point isoélectrique. De ce que les particules isoélectriques de cette albumine chauffée ne se déplacent pas dans un champ électrique, Hardy conclut justement à un rapport entre leur manque de stabilité et l'absence de charge électrique. Il n'est en effet guère douteux, que, dans ce cas, la stabilité dépende de la couche électrique double qui entoure chaque particule. Lorsqu'on a observé que les solutions de certaines protéines véritables, telles que la gélatine, possèdent aussi un minimum de solubilité au point isoélectrique, il était naturel de voir dans ce fait une confirmation de l'idée que ces protéines ne forment pas de solution cristalloïde. L'hypothèse à adopter dépend donc de la détermination de la nature des forces qui maintiennent en solution à leur point isoélectrique des protéines vraies comme la gélatine. L'auteur a entrepris, sur la gélatine isoélectrique, une série d'expériences qui ne semblent guère laisser de doute, que les forces en question

sont les mêmes qui déterminent la solubilité des
cristalloïdes [1].

Quand on prépare des solutions dans une eau
de pH $= 4,7$ de gélatine isoélectrique à 0,1, à 0,2,
etc., jusqu'à 1 p. 100 et qu'on laisse en repos ces
solutions placées dans des tubes à essais à une
température suffisamment basse, on remarque
que seul le tube contenant $0^{gr},1$ de gélatine
dans 100 centimètres cubes reste parfaitement
clair, tandis que les autres deviennent troubles
et d'autant plus que la concentration des solutions de gélatine est plus élevée. Si l'on prépare
ainsi des solutions de gélatine de 0,1 à 1,0 p. 100,
qu'on les garde vingt-quatre heures à la glacière
(température d'environ 2°) et qu'on les ramène à
la température du laboratoire, on peut s'en servir
comme échelle de nébulosité. La table suivante
donne l'échelle ainsi adoptée arbitrairement :

P. 100 de gélatine :

0,1	0,2	0,3	0,4	0,5	0,6	0,7	0,8	0,9	1,0

Degré de nébulosité :

1,0	2,0	3,0	4,0	5,0	6,0	7,0	8,0	9,0	10,0

Grâce à cette échelle, il est possible de déterminer l'influence des sels sur la solubilité pour
des solutions à 1 p. 100 de gélatine isoélectrique.
On fait dissoudre 1 gramme de gélatine isoélectrique dans 100 centimètres cubes de diverses
solutions salines ayant toutes pour pH 4,7. On
met dans des tubes à essais 10 centimètres cubes
de chacune de ces solutions. On garde vingt-
quatre heures à la glacière, et on détermine
ensuite le trouble de ces liquides au moyen de

1. Loeb (J.), *Arch. néerlandaises Physiol.*, t. VII, p. 510, 1922.

l'échelle ci-dessus. Les solutions salines au moyen

TABLE VIII

Influence des sels sur la solubilité des protéines isoélectriques. Les nombres de cette table sont les inverses des solubilités.

CONCENTRATIONS	1 m	m/2	m/4	m/8	m/16	m/32	m/64	m/128	m/256	m/512	m/1.024	m/2.048	m/4.096	m/8.192	m/16.384
NaCl	2,0	2,0	2,5	3,0	4,0	5,5	7,0	8,5	9,0	9,5	10,0	10,0			
LiCl		2,0	2,5	3,0	4,0	5,5	7,0	8,5	9,0	9,5	10,0	10,0	10,0		
KCl		2,0	2,0	2,5	3,5	4,5	6,5	8,5	9,0	10,0	10,0	10,0			
$CaCl^2$		1,0	1,5	2,0	2,5	2,5	3,5	4,5	6,0	8,0	8,5	9,0			
$MgCl^2$					2,0	2,5	3,0	3,5	5,0	6,0	7,0	8,5	9,0	9,0	
$SrCl^2$					2,0	2,5	3,0	4,0	5,5	6,0	7,0	8,0	8,5	9,0	10,0
$BaCl^2$						3,5	3,5	4,5	6,0	7,0	8,5	9,0	9,5	10,0	10,0
$MgSO^4$				2,0	2,0	2,5	3,0	4,0	6,0	7,5	9,0	10,0	10,0	10,0	10,0
Na^2SO^4		5,5	2,5	2+	2+	2,5	3,0	5,0	7,0	8,0	9,0	10,0	10,0		
$LaCl^3$				2,0	1,5	1,0	1,0	1,0	1,0	1,0	2,0	3,0	7,5	9,0	
$CeCl^3$							presque aussi limpide que l'eau					1,0	1,0	2,0	5,0
$Na^4Fe(CN)^6$							limpide comme l'eau						2,5		

desquelles on préparait les solutions de gélatine isoélectrique, avaient toutes pour pH 4,7. On trouve que tous les sels diminuent le trouble des solutions, et d'autant plus que la valence aussi bien du cation que de l'anion du sel est plus élevée. La table VIII montre les résultats obtenus. Si nous choisissons, pour comparer l'activité dissolvante relative de différents sels, la concentration nécessaire pour abaisser le trouble de la valeur 10 (qui est celle d'une solution à 1 p. 100 de gélatine isoélectrique sans aucun sel) jusqu'à une valeur plus basse telle que 5 environ, nous voyons qu'il faut employer de ces différents sels les concentrations suivantes :

LiCl, NaCl, KCl. . . . . $m/32$
MgCl², CaCl², SrCl², BaCl²,
Na²SO⁴, MgSO⁴ . . . . entre $m/256$ et $m/128$
LaCl³, CoCl³, Na⁴Fe (CN)⁶. . $m/8.192$ ou moins.

Autrement dit, les sels uni-univalents doublent la solubilité de la gélatine isoélectrique à une concentration moléculaire d'environ $m/32$ et les sels qui ont un ou deux ions bivalents produisent le même effet à une concentration moléculaire de $m/128$ ou $m/256$. Les sels qui ont un ion trivalent ont le même effet à une concentration beaucoup plus basse, $m/4096$. Que nous ayions affaire dans ce cas à un accroissement de solubilité ordinaire, cela peut être prouvé si nous recherchons l'influence de ces sels sur la vitesse de dissolution des grains de gélatine solide isoélectrique. On trouve en effet que ces sels abaissent le temps nécessaire à la dissolution d'une masse donnée de grains de gélatine isoélectrique dans la mesure indiquée par la table IX.

On immerge des quantités de 0ᵍʳ,8 chacune de gélatine isoélectrique en grains réguliers (traversant les mailles de tamis n° 50 et non les mailles n° 30) dans 50 centimètres cubes de solutions de divers sels à trois concentrations moléculaires différentes : $m/1024$, $m/512$ et $m/256$, et à une température de 35°, puis on mesure le temps nécessaire pour dissoudre complètement la masse totale de gélatine. Le pH des solutions est toujours égal à 4,7. Ce sont les résultats de cette expérience que donne la table IX.

TABLE IX

Nombre de minutes nécessaires pour dissoudre 0,8 gr. de gélatine isoélectrique en poudre à la température de 35°.

	$m/256$	$m/512$	$m/1.024$
LiCl.	57	70	76
NaCl	49	66	75
KCl.	56	70	80
$MgCl^2$.	32	40	61
$CaCl^2$.	32	40	62
$BaCl^2$.	31	46	66
$CeCl^3$.	26	35	44
$LaCl^3$.	23	...	...
Na^2SO^4.	34	46	60
$Na^4Fe(CN)^6$.	24	32	41

Il est évident que ces sels accroissent la vitesse de dissolution de la gélatine en poudre isoélectrique, lorsque croît la valence des anions aussi bien que des cations.

Ces expériences sont sujettes à cette objection que peut être les sels neutres confèrent à la gélatine isoélectrique une charge électrique et que par là croît la stabilité de « l'émulsion ». Dans le but de voir s'il en est ainsi, on a fait des expériences de cataphorèse avec des particules en suspension de caséine, de gélatine ou d'ovalbumine dénaturée isoélectrique qui ont permis d'évaluer la charge des particules de protéine. Ces expériences seront exposées en détail dans un autre volume[1] ; il suffira de dire ici qu'on a trouvé que des sels, tels que $NaCl$, $CaCl^2$, ou Na^2SO^4, ne confèrent aucune charge aux particules de gélatine isoélectrique, ni à aucune autre protéine isoélectrique. Cette conclusion a été confirmée par des observations sur l'action de ces sels sur l'osmose anomale[2] et sur les potentiels de membrane[3].

Tous ces faits prouvent que l'action de $NaCl$, de $CaCl^2$ et de Na^2SO^4 sur l'éclaircissement des solutions de gélatine isoélectrique correspond à une véritable solubilisation et non à un accroissement par ces sels de la charge des prétendues gouttelettes d'une soi-disant émulsion de gélatine.

Nous distinguerons dans la molécule des protéines des groupes qui ont plus d'affinité pour l'eau que d'affinité réciproque, et nous les appellerons les groupes hydrophiles (Groupes $COOH$ ou NH^2), et des groupes qui ont une plus grande affinité réciproque que d'affinité pour l'eau, et que nous appellerons des groupes éléiques[4]. Si les forces des groupes hydrophiles sont prévalentes, les groupes éléiques peuvent être entraînés dans la masse de l'eau. Si les molécules sont grandes et les groupes éléiques en petit nombre, il peut

---

1. « Théorie des propriétés colloïdales », Paris, Félix Alcan.
2. Loeb (J.), *J. Gen. Physiol.*, t. IV, p. 463, 1921-22.
3. Loeb (J.), *J. Gen. Physiol.*, t. IV, p. 741, 1921-22.
4. Voir page 23, en note.

arriver que lorsque ces groupes appartenant à deux molécules voisines viennent en contact, les deux molécules puissent adhérer sans diminuer notablement la force par laquelle les groupes hydrophiles s'attachent à l'eau. C'est ce qui semble arriver dans la solution de gélatine. Lorsque la température est suffisamment élevée, l'agitation thermique disperse constamment les molécules de gélatine qui se soudaient. Mais si cette agitation est faible, c'est-à-dire si la température est assez basse, les deux molécules peuvent rester liées. De cette manière, il se formera progressivement des groupes de molécules adhérentes : cela conduira d'abord à la formation de petites parcelles de gelée, et finalement, la masse tout entière se solidifiera en une masse de gelée cohérente. La distribution relative des molécules de gélatine dans la gelée restera la même qu'elle était dans la solution, et les forces qui lient aux molécules d'eau les groupes hydrophiles des molécules de gélatine pourront rester les mêmes. Ce qui changera sera seulement l'orientation relative et la mobilité de chacune des molécules de gélatine.

Dans le cas de précipitation par les sels ou par tout autre moyen, il se produit, selon toute probabilité, une modification entièrement différente qui consiste en une diminution de la force d'attraction entre les groupes hydrophiles et l'eau. De tels changements se produisent presque exclusivement quand on ajoute des sulfates à la solution de protéine.

L'action précipitante relativement forte des sulfates sur les solutions de protéine vraies est un phénomène lié à la solubilité ordinaire, comme le montrent les expériences suivantes[1].

De la gélatine en poudre à grains pas trop petits (passant entre les mailles n° 30 et n° 50) était rendue isoélectrique de la manière décrite au chapitre II. On en mettait environ $0^{gr},8$ dans 100 centimètres cubes de toute une série de solutions de NaCl, de $CaCl^2$ et de Na^2SO^4 dont la concentration

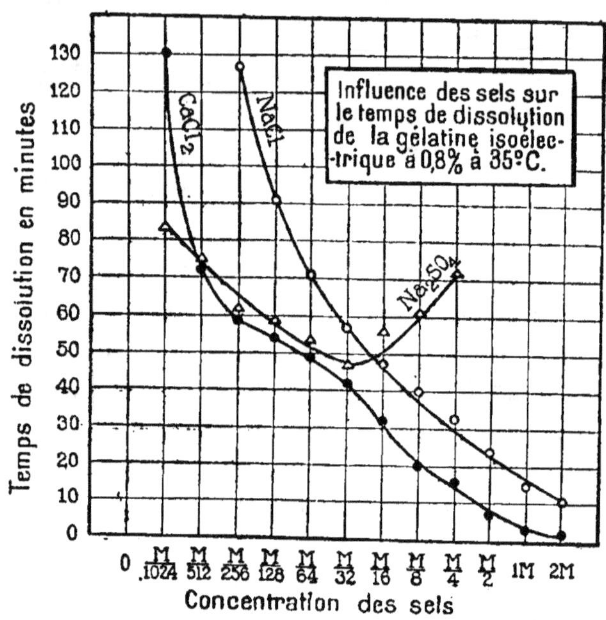

Fig. 23. — Influence des sels sur le temps nécessaire pour dissoudre dans 100 centimètres cubes d'une solution saline de pH = 4,7 à la témperature de 35° une quantité de $0^{gr},8$ de gélatine isoélectrique en poudre. Remarquer la différence entre les courbes relatives à Na^2SO^4 et celles qui se rapportent à NaCl et à $CaCl^2$.

variait pour chaque sel de $m/4096$ à $2\,m$. On agitait fréquemment ces suspensions et l'on mesurait le temps nécessaire pour obtenir à 35° une dissolu-

1. Loeb (J.), et Loeb (R.-F.), *J. Gen. Physiol.*, t. IV, p. 187; 1921-22.

tion pratiquement complète des grains de gélatine. Les ordonnées de la figure 23 sont les temps de dissolution de la gélatine isoélectrique et les abscisses sont les concentrations moléculaires du sel employé. Il est évident que $NaCl$, et à un degré encore plus élevé $CaCl^2$, accroissent la vitesse de dissolution dans l'eau de la gélatine isoélectrique et d'autant plus que la concentration du sel ajouté est plus élevée. Il y a au contraire un coude brusque dans la courbe de Na^2SO^4. Tant que la concentration de Na^2SO^4 est au-dessous de $m/32$, cette substance accroît la solubilité de la gélatine, et d'autant plus que sa concentration augmente. Mais si on s'élève au-dessus de cette valeur $m/32$, l'augmentation de concentration de Na^2SO^4 diminue la solubilité de la gélatine et d'autant plus que cette concentration est plus grande. $(NH^4)^2SO^4$ agit comme Na^2SO^4.

La courbe du temps de dissolution de la gélatine isoélectrique en poudre dans Na^2SO^4 ou $(NH^4)^2SO^4$ suggère que nous avons affaire à deux actions opposées dont l'une accroît la vitesse de dissolution quand croît la concentration de Na^2SO^4: celle-ci est prépondérante pour des concentrations de sulfate plus faibles que $m/32$. Quand la concentration croît au-dessus de cette limite, la seconde action opposée l'emporte sur l'action dissolvante du sulfate ; qu'elle soit ou non de nature chimique, elle produit une modification de la gélatine qui diminue sa solubilité. On n'observe rien de pareil avec les chlorures. Ceci suggère une explication du fait que les sulfates sont de meilleurs précipitants que les chlorures, bien que la cause de cette action particulière des sulfates reste à établir. Mais il semble qu'il y ait là un pro-

blème rattaché plutôt à la théorie générale des
solutions qu'à celle des propriétés colloïdales.

Tandis que la gélatine isoélectrique n'est que
faiblement soluble, les sels de gélatine sont très
solubles. Des quantités de $0^{gr},8$ de gélatine en
poudre, de pH voisin de 3,3 se dissolvent très rapi-

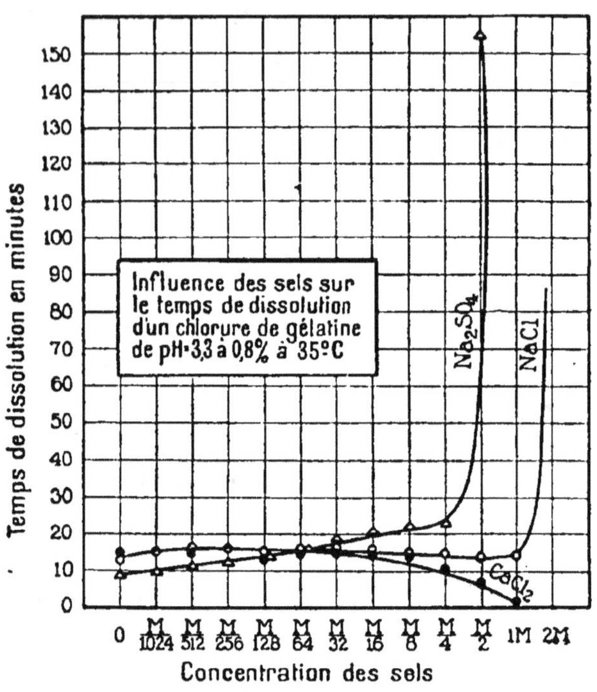

Fig. 24. — Influence des sels sur le temps de dissolution de $0^{gr},8$
d'un chlorure de gélatine en poudre de pH $=$ 3,3 dans 100 centimètres cubes d'une solution saline de même pH. La gélatine
n'est plus soluble lorsque la concentration de NaCl est supérieure
à 1 m.

dement dans 100 centimètres cubes de HCl de
même pH à la température de 35°. L'addition de
NaCl ou de $CaCl^2$ n'accroît pas cette solubilité,
sauf pour $CaCl^2$ à des concentrations supérieures
à $m/16$. Quant à Na^2SO^4 ou $(NH^4)^2SO^4$, ils diminuent brusquement la solubilité de la gélatine

lorsque leur concentration dépasse $m/4$, et NaCl agit de même quand sa concentration s'élève au-dessus de 1 m (fig. 24).

La figure 25 montre l'influence des trois sels sur le temps de dissolution du gélatinate de Na pour un pH $= 10,5$. Na^2SO^4 diminue brusquement la solubilité du gélatinate de Na à une concentration

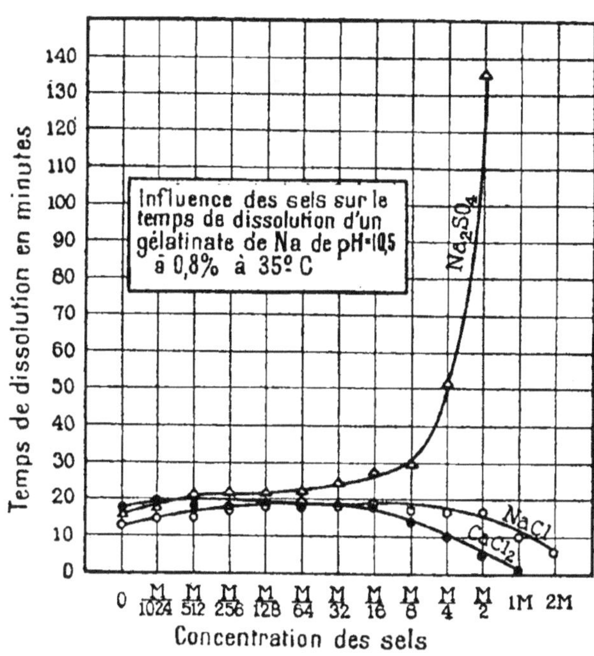

Fig. 25. — Influence des sels sur le temps de dissolution de 0 gr. 8 de gélatinate de Na en poudre dans 100 centimètres cubes d'une solution saline de pH $= 10,5$.

supérieure à $m/8$, tandis que NaCl et $CaCl^2$ la font encore croître lorsque la concentration est supérieure à $m/2$ pour NaCl et à $m/16$ pour $CaCl^2$.

Toutes les fois qu'un sel diminue la solubilité, il se peut qu'on ait affaire à un effet secondaire du sel sur la constitution ou sur la configuration de la molécule de protéine. Ces faits expliquent pour-

quoi la précipitation par les sels ne met pas en
jeu les valences, mais dépend spécifiquement de
la nature de certaines substances.

Ces expériences ne laissent guère douter que
l'action de Na^2SO^4 tienne à une diminution de la
solubilité ordinaire de la gélatine.

En réunissant tous les faits exposés, nous arriverons à conclure que l'action des sels sur la stabilité des solutions de gélatine permet d'admettre
que la gélatine forme des solutions cristalloïdes,
et il en est probablement de même pour les solutions de certaines autres protéines vraies comme
l'ovalbumine cristallisée. Nous avons déjà émis
l'idée que l'addition d'une trace d'acide ou d'alcali
peut déterminer dans la molécule de protéine isoélectrique des modifications isomériques ou tau-
tomériques, et il est tout à fait possible qu'on puisse
expliquer ainsi pourquoi une quantité d'acide
ou d'alcali, trop petite pour déterminer la formation d'une quantité notable de sel, peut accroître
la solubilité de la gélatine, et celle des protéines
en général. L'action particulière de la valence
des sels sur la solubilité de la gélatine se retrouve
d'une manière plus frappante dans le cas des globulines [1]. Dans le cas de la caséine isoélectrique,
il faut ajouter plus d'acide ou d'alcali que dans le
cas de la gélatine pour rendre 1 gramme soluble
dans 100 centimètres cubes. Mais cela résulte probablement surtout du fait que la caséine contient
une proportion relativement grande d'acides aminés insolubles ou peu solubles ou les contient sous
une forme combinée plus insoluble. Quand les
forces d'affinité entre la protéine et l'eau diminuent,

1. Cohn (E.-J.), *J. Gen. Physiol.*, t. IV, p. 697, 1921-22.

comme dans le cas de l'ovalbumine dénaturée ou du chlorure de caséine, les particules peuvent être retenues en solution par des couches électriques doubles. Dans ce cas, il suffit de faibles concentrations salines pour produire la précipitation, et l'ion actif a une charge de signe opposé à celui de l'ion de protéine. Nous rencontrerons des cas de cette nature dans le volume qui traite de « la théorie des propriétés colloïdales.

CHAPITRE VII

LOI DE VALENCE ET SÉRIES D'HOFMEISTER

I. — Pression osmotique

On montrera dans ce chapitre que les rapports de combinaison des acides et des alcalis avec les protéines donnent la clef de l'influence des ions sur les propriétés physiques des protéines, tout au moins que la valence et le signe de la charge des ions à l'exclusion de leurs autres propriétés agissent sur les qualités physiques des protéines telles que la pression osmotique, la viscosité, et aussi le gonflement dans le cas de la gélatine. On ne prendra en considération ici que les ions monovalents et bivalents.

Ce que nous allons faire voir est contraire à ce qu'on admet couramment dans la chimie des colloïdes, à savoir que la nature chimique de l'ion est beaucoup plus importante que sa valence. Comme on l'a déjà indiqué au chapitre premier, les ions ont en effet été disposés en séries qu'on appelle les séries d'Hofmeister, d'après leur influence relative sur le gonflement, la viscosité et la pression osmotique des protéines. Mais on peut montrer que ces séries sont pour une grande part le résultat de la même erreur de méthode qui a empêché de reconnaître que les acides et les alcalis se combinent selon les lois chimiques ordi-

naires avec les protéines, c'est-à-dire le manque
de mesures de concentrations d'ions H dans les
solutions de protéines. Si nous nous efforçons de
comparer l'activité relative de deux ions, tels que
Cl et CH^3COO, sur la pression osmotique ou sur
la viscosité de solutions de protéines, il est tout à
fait nécessaire de le faire à pH égal et à concentration égale de la protéine comptée à l'état isoélectrique. Dans ces conditions, on trouvera que
les séries d'Hofmeister n'ont vraiment aucune
signification pratique et que ce n'est essentiellement que la valence seule de l'ion combiné à la
protéine et non sa nature spécifique qui en modifie
les propriétés physiques.

On a vu au chapitre IV qu'à pH égal il y a trois
fois autant de centimètres cubes d'acide phosphorique o,1n que d'acide azotique de même titre
combinés dans 100 centimètres cubes de solution
à un gramme de gélatine considérée à l'état isoélectrique ; il résulte de là que l'anion du phosphate de gélatine est l'ion monovalent H^2PO^4, et
non l'ion trivalent PO^4. Il résulte de même des
rapports de combinaison qu'on a trouvés au chapitre IV que l'anion de l'acide oxalique qui se
combine avec la protéine pour des pH inférieurs
à 3,0 est l'anion monovalent HC^2O^4, tandis qu'aux
pH supérieurs à cette valeur, l'acide oxalique se
dissocie de plus en plus comme un acide bibasique
combinant à la protéine un anion bivalent C^2O^4.
La même chose sera vraie, *mutatis mutandis*,
pour tous les acides faibles bibasiques ou tribasiques, tels que les acides citrique, tartrique, ou
succinique, qui, à des pH inférieurs à 4,7, forment des sels de protéine dont l'anion est pour la
plus grande part monovalent. Il résulte aussi des

rapports de combinaison que le sel de protéine d'un acide bibasique fort comme H_2SO_4
doit avoir un anion bivalent tel que SO_4. En nous
fondant sur notre loi de valence, nous devons
donc prévoir que la pression osmotique des solutions à 1 p. 100 de gélatine, comptée à l'état isoélectrique, avec différents acides sera la même
au même pH pour tous les sels de gélatine à
anions monovalents ; autrement dit, les solutions
à 1 p. 100 de chlorure, de bromure, de nitrate,
de tartrate, de succinate, de citrate ou de phosphate de gélatine, devraient toutes avoir, à pH
égal, sensiblement la même pression osmotique
et la même viscosité, et cela devrait être vrai
aussi pour le gonflement, tandis que le sulfate
de gélatine, qui a un anion bivalent, devrait avoir
une pression osmotique, une viscosité ou un
gonflement beaucoup plus faible. Nous verrons
tout d'abord qu'il en est ainsi en ce qui concerne la pression osmotique des solutions de
protéine.

On a employé pour la mesure de la pression
osmotique des solutions de gélatine la méthode
simple de R.-S. Lillie[1]. Des sacs de collodion
d'un volume d'environ 50 centimètres cubes ont
été moulés dans des flacons d'Erlenmeyer. On les
préparait par un procédé toujours identique que
voici avec un collodion de Merck (à 275 grains
d'éther par once et 27 d'alcool U. S. P. IX). On
rinçait les flaçons d'Erlenmeyer avec environ
50 centimètres cubes d'alcool à 95 p. 100, et on
les remplissait jusqu'au col avec la solution de
collodion. Une fois le vase rempli, on faisait

1. Lillie (R.-S.), *Am. Journ. Physiol.*, t. XX, p. 127, 1907-8.

écouler lentement le collodion en tournant lentement le flacon dans les mains pendant toute cette opération. On s'arrangeait de façon à faire durer l'écoulement du collodion et la rotation du flacon exactement deux minutes. Le vase d'Erlenmeyer qui était alors vide, sauf une couche de collodion adhérente à la paroi intérieure du verre, était laissé à sécher deux minutes exactement à la température du laboratoire. On le mettait alors sous le robinet, et on y laisser couler un faible courant d'eau pendant cinq minutes. La couche de collodion formée à l'intérieur du flacon pouvait alors en être détachée et en gardait la forme exacte. On fermait ces sacs de collodion en s'aidant de rubans de caoutchouc avec un bouchon de caoutchouc conique percé d'un trou par où l'on pouvait faire passer un tube de verre. On garnissait le sac de collodion de la solution de protéine au moyen d'un petit entonnoir, on en faisait sortir toutes les bulles d'air et on mettait en place le tube de verre qui devait servir de manomètre. Le sac était alors porté dans un vase cylindrique contenant 350 centimètres cubes d'une eau dont le pH était le même que celui de la protéine dissoute ; la surface du bouchon était mise dans le plan de la surface de l'eau du vase extérieur et le tube de verre servant de manomètre était enfoncé un peu plus bas dans le sac, de sorte qu'au début le niveau de la solution de protéine s'élevât de 20 à 30 millimètres plus haut que celui de l'eau extérieure.

L'eau diffusait du vase extérieur dans la solution de protéine et la colonne de liquide montait dans le manomètre jusqu'à un maximum qu'elle atteignait ordinairement en six heures environ, quelquefois moins. Il y a lieu de considérer que dans ces expériences peuvent intervenir deux modifications du pH qui affectent l'équilibre osmotique. La première est due à l'équilibre de Donnan dont on a parlé dans l'introduction. L'autre est due à l'influence du CO^2 de l'air sur la solution extérieure et celle-ci trouble particulièrement les expériences quand on emploie des solutions alcalines. Il y a encore lieu de se rappeler que, dans ces recherches, la solution de protéine se trouve ordinairement diluée par l'entrée de l'eau dans le sac de collodion. Dans le volume « Théorie des propriétés colloïdales », on indiquera des mesures dans lesquelles ces sources d'erreurs ont pu être évitées ou atténuées.

On prépare des solutions à 1 p. 100 d'une protéine prise à l'état isoélectrique en mettant dans chacune une certaine quantité d'acide ou d'alcali qui la porte à un certain pH. Dans tous les cas, le sac de collodion qui contient l'une de ces solutions de gélatine se trouve plongé dans un vase qui contient 350 centimètres cubes d'eau dont le pH est au début le même que celui de la solution de protéine, comme on vient de le dire plus haut. En raison de l'équilibre de Donnan, l'égalité du pH intérieur et extérieur ne se maintient pas : le pH intérieur s'élève au-dessus de celui de l'extérieur quand on a affaire à des solutions de sels acides de gélatine. Les observations duraient ordinairement un jour, mais on commençait à lire le niveau du liquide dans chaque manomètre toutes les 20 ou 30 minutes ; ce sont les valeurs obtenues au bout d'un jour qui ont servi à établir les courbes de la figure 26. L'équilibre osmotique était généralement établi au bout de six heures environ. Les expériences étaient faites au thermostat à une température de 24°.

On trouvera dans la figure 26 les courbes de pression osmotique des solutions à 1 p. 100 de gélatine comptée à l'état isoélectrique, avec quatre

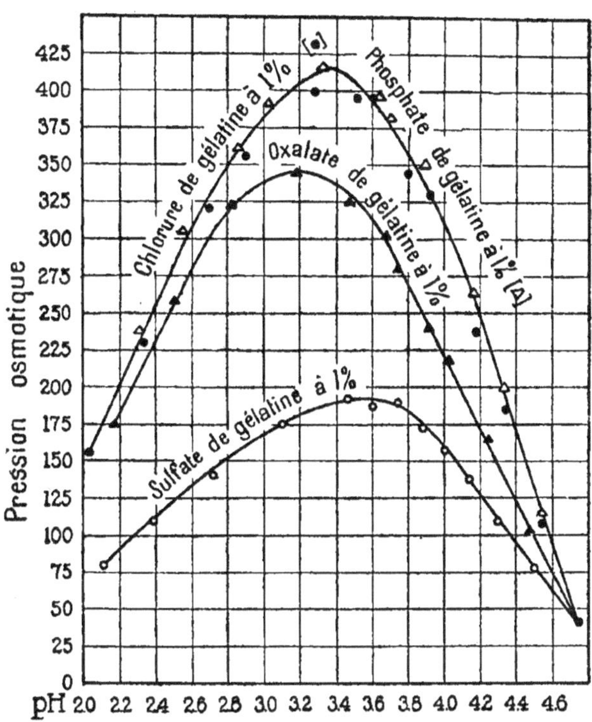

Fig. 26. — Influence du pH et de la valence de l'anion sur la pression osmotique des solutions de divers sels acides de gélatine. La pression osmotique a son minimum au point isoélectrique (pH = 4,7), croît par addition d'acide jusqu'au pH 3,4 et décroît par addition d'une plus grande quantité d'acide. Les courbes relatives au chlorure et au phosphate de gélatine sont identiques.

acides différents, les acides chlorhydrique, sulfurique, oxalique et phosphorique [1]. Les abscisses sont les pH des solutions de gélatine après éta-

1. Loeb (J.), *J. Gen. Physiol.*, t. III, p. 691, 1920-21.

blissement de l'équilibre osmotique, c'est-à-dire
à la fin de l'expérience. Ces pH étaient toujours
déterminés au moyen du potentiomètre. On remarquera que les quatre courbes ont un certain
nombre de caractéristiques qui leur sont com-
munes. La pression osmotique est dans tous les
cas minima au point isoélectrique, soit $pH = 4,7$;
elle croît avec la concentration en ions H (le pH
décroissant alors) et les courbes atteignent toutes
un maximum au voisinage de $pH = 3,4$; à une
croissance ultérieure de la concentration des ions
H (ou à une diminution correspondante du pH) correspond pour les solutions des quatre sels de gélatine une chute de la pression osmotique presque
aussi rapide que son ascension de l'autre côté du
maximum. On peut remarquer que Pauli[1] et aussi
Manabe et Matula[2] parlent d'un maximum de
la courbe de viscosité de l'albumine au voisinage
de $pH = 2,1$. On observera que le maximum de
pression osmotique correspond à un pH beaucoup
plus élevé (3,4) et que à un $pH = 2,1$, les courbes
sont revenues à un niveau assez bas, pas beaucoup plus élevé que celui du point isoélectrique.
Cette forme des courbes de pression osmotique,
lorsqu'on la représente en fonction du pH des
solutions de protéines est très caractéristique et
invariable.

Le point capital pour nous dans cette affaire est
de montrer l'intervention de la loi de valence. Les
courbes de titrage nous font voir que, dans le cas
du phosphate de gélatine aussi bien que dans celui
du chlorure, l'anion est monovalent, H^2PO^4 ou

---

1. Pauli (W.), « Kolloidchemie der Eiweisskörper », Dresde et
Leipzig, 1920.

2. Manabe (K.), et Matula (J.), *Biochem. Z.*, t. LII, p. 369, 1913.

Cl. La loi de valence exige que les pressions osmotiques des deux sels soient les mêmes et il suffit de regarder la figure 26 pour voir qu'il en est ainsi. L'anion de l'oxalate de gélatine devrait aussi être surtout monovalent pour des pH inférieurs à 3,0 et nous voyons que la branche descendante de la courbe de l'oxalate coïncide pratiquement, pour des pH égaux ou inférieurs à 3,0, avec la branche descendante de la courbe commune au chlorure et au phosphate de gélatine. Pour des pH supérieurs à 3,0, la courbe de pression osmotique de l'oxalate de gélatine est un peu au-dessous de la courbe commune au chlorure et au phosphate, comme l'exige la théorie de la dissociation électrolytique, puisque, pour des pH supérieurs à 3,0, l'acide oxalique se dissocie électrolytiquement de plus en plus à l'état d'acide bibasique quand le pH va croissant. Par suite, à environ pH = 3,4, la majorité des anions de l'oxalate de gélatine sont monovalents, mais il y en a une fraction, d'ailleurs petite, qui sont bivalents. Pour cette raison, la courbe de l'oxalate de gélatine est, aux pH égaux ou supérieurs à 3,4, moins élevée que celle du chlorure et du phosphate, et cela est exactement d'accord avec les courbes de titrage de la figure 7.

Les courbes de titrage de la figure 7 montrent encore que l'acide sulfurique forme un anion bivalent en se combinant à la gélatine, et nous remarquerons que le maximum de la courbe de pression osmotique pour pH = 3,4 est moindre que la moitié de celui de la pression osmotique du chlorure ou du phosphate de gélatine au même pH.

Ces résultats sont tout à fait d'accord avec ceux

des expériences de titrage, si nous admettons que la pression osmotique du sel de protéine formé dans une solution n'est déterminée (ou presque) que par le signe et la valence de l'ion qui se combine à la protéine, tandis que la nature de cet ion n'a aucune importance, ou une importance si faible qu'elle échappe à l'observation.

Si les séries d'Hofmeister n'étaient pas illusoires, nous devrions nous attendre à ce que la hauteur de la courbe de pression osmotique du phosphate de gélatine fût du même ordre de grandeur que celle du sulfate, ou même inférieure, au lieu d'être égale à celle du chlorure, et le même résultat devrait être prévu en ce qui concerne l'oxalate de gélatine.

J'ai répété si souvent ces expériences qu'il n'y a aucun doute sur l'exactitude du résultat. Les expériences faites sur des solutions à 1 p. 100 d'ovalbumine cristallisée prise à l'état isoélectrique confirment que la loi de valence s'applique également à ses sels [1]. Les abscisses sont encore dans ce cas les pH du début de l'expérience, et les ordonnées sont les pressions osmotiques après que l'équilibre s'est établi. On a encore employé les acides chlorhydrique, sulfurique, oxalique et phosphorique (fig. 27). On remarquera qu'ici encore les pressions osmotiques sont minima au point isoélectrique, atteignent leur maximum un peu au-dessus de pH $= 3$, et s'abaissent ensuite de nouveau.

Les quatre courbes confirment encore la loi de valence. Les courbes fournies par le chlorure et le phosphate d'albumine sont pratiquement iden-

1. Loeb (J.), *J. Gen. Physiol.*, t. III, p. 85, 1920-21.

tiques, celle du sulfate d'albumine est presque
moitié aussi haute que celle du phosphate, mais
pas exactement, et la courbe de l'oxalate est à
son maximum un peu au-dessous de celle du
chlorure.

La loi de valence joue encore dans le cas des
sels acides de caséine [1]. Ici l'oxalate et le sulfate
de caséine étant trop peu solubles, on ne peut

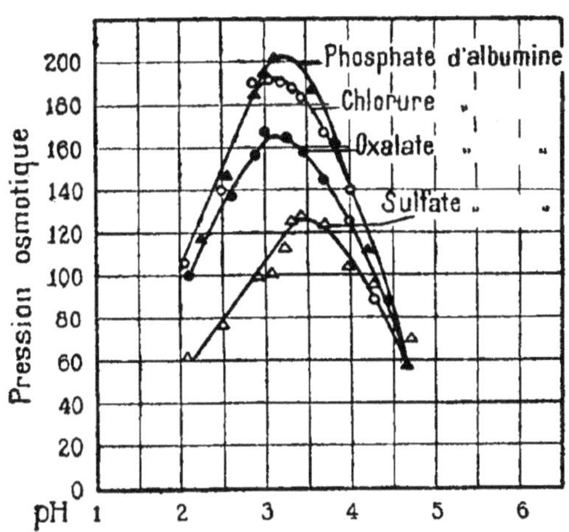

Fig. 27. — Pression osmotique de différents sels acides d'albumine.
Les ordonnées représentent les pressions osmotiques (en mm.
d'eau pour une solution d'albumine à 1 p. 100) ; les abscisses
représentent les pH. Toutes les solutions sont à 1 p. 100 d'albumine isoélectrique. Les courbes sont identiques pour le chlorure
et le phosphate d'albumine.

considérer que les pressions osmotiques du phosphate et du chlorure de caséine. Les courbes de
pression osmotique de ces deux sels sont pareilles
si on considère cette pression en fonction du pH,
comme le montre la figure 28. La pression osmotique maxima est voisine de pH = 3,0.

Hitchcook a mesuré l'effet des acides chlorhy-

1. Loeb (J.), *J. Gen. Physiol.*, t. III, p. 547, 1920-21.

drique, phosphorique, oxalique et sulfurique sur la pression osmotique des solutions d'édestine et confirmé les résultats obtenus par l'auteur sur la gélatine, l'ovalbumine cristallisée et la caséine.

Il n'est donc pas douteux que les courbes de pression osmotique de la gélatine, de l'ovalbumine cristallisée, de la caséine et de l'édestine obéissent à la loi de valence et ne nous montrent pas d'influence appréciable de la nature de l'ion, mais seulement du signe de sa charge et de sa valence.

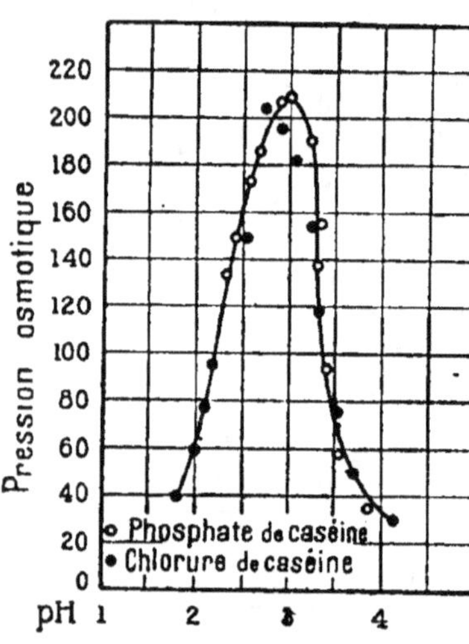

Fig. 28. — Pression osmotique des solutions à 1 p. 100 de chlorure et de phosphate de caséine en fonction des pH. Les deux courbes sont pratiquement identiques.

Dans les expériences les plus anciennes dans lesquelles on ne mesurait pas la concentration des ions H, l'action des acides faibles induisit en erreur les observateurs. Dans les séries d'Hofmeister, on indique généralement que l'acide acétique agit comme l'acide sulfurique et non comme les acides chlorhydrique ou nitrique. C'est la conséquence du fait que les expérimentateurs ont considéré l'influence des différents acides à concentration moléculaire égale au lieu de les comparer à pH égal. Si l'on adopte cette dernière manière, on trouve que l'acide acétique se comporte comme l'acide chlorhydrique et non comme l'acide sulfurique. La figure 29 représente les courbes de pression osmotique de solutions d'une gélatine à environ 0,8 p. 100 prise à l'état isoélectrique et mise en présence de six acides différents, les acides chlorhydrique, sulfurique, acétique, monochloracétique, dichloracétique et trichloracétique. Les pH sont pris comme

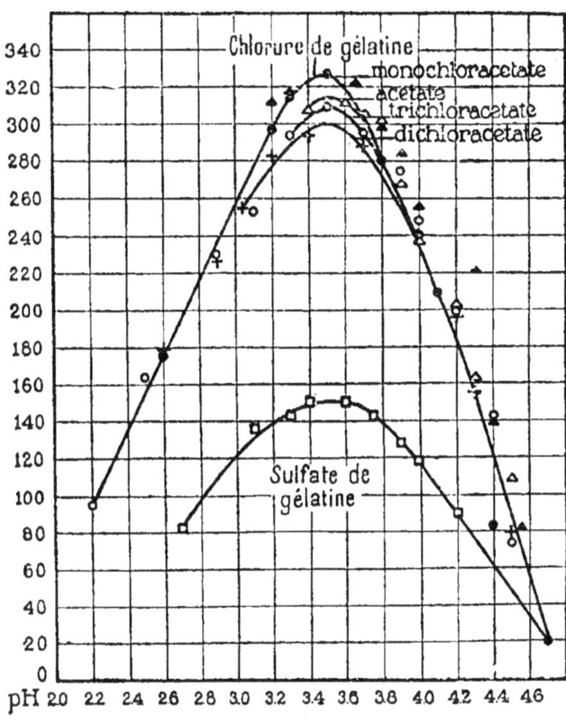

Fig. 29. — Pression osmotique (en mm. d'eau) de solutions à environ, 0,8 p. 100 de chlorure, d'acétate, de mono-, di- et trichloracétate de gélatine. Les courbes sont pratiquement identiques.

abscisses[1]. La concentration de la gélatine prise à l'état isoélectrique était plus faible dans ces solutions que dans celles des expériences représen-

1. Loeb (J.), *J. Gen. Physiol.*, t. III, p. 85, 1920-21.

tées par la figure 26 (o,8 p. 100 environ au lieu de 1 p. 100). Les pressions osmotiques étaient par suite plus faibles, mais les résultats sont relativement les mêmes ; ainsi la pression osmotique maxima du sulfate de gélatine est encore dans la figure 29 un peu moindre que la moitié de celle du chlorure de gélatine, et le maximum est encore voisin de pH $= 3,4$. Les quatre acides acétiques ont encore leur maximum au même pH, et ce maximum est égal à celui de l'acide chlorhydrique[1]. Les petites variations dans les hauteurs des courbes pour les cinq acides mono-basiques sont en grande partie accidentelles et probablement dues surtout à de petites différences dans la concentration de la gélatine iso-électrique. Dans ces expériences, chaque gramme de gélatine en poudre était amené à part au point isoélectrique, et, dans cette opération, on perdait à peu près 20 p. 100 de gélatine, la perte variant un peu suivant les expériences. Au contraire, dans les expériences représentées dans la figure 26, on amenait au point isoélectrique une grande quantité de gélatine en poudre, et on en prélevait des masses de un gramme. Dans ce dernier cas, la quantité de gélatine prise à l'état isoélectrique était toujours la même.

On a encore constaté que la pression osmotique des solutions de tartrate et de citrate de gélatine à o,8 p. 100 est à peu près la même, à pH égal, que celle du chlorure de gélatine.

L'auteur a également vu que les courbes de pression osmotique des solutions à 1 p. 100 d'ovalbumine cristallisée prise à l'état isoélec-

1. Loeb (J.), *J. Gen. Physiol.*, t. III, p. 85, 1920-21.

trique sont les mêmes pour le chlorure, l'acétate et le dichloracétate d'albumine, les pH servant toujours d'abscisses [1].

Ces expériences sur la gélatine et l'albumine ne laissent aucun doute que les acétates se comportent comme les chlorures et non comme les sulfates. Pauli assure que l'acide trichloracétique agit sur la viscosité des solutions de sérumalbumine de la même manière que l'acide sulfurique, mais il n'en est certainement pas ainsi en ce qui concerne la pression osmotique des solutions de gélatine.

L'idée que la valence de l'ion combiné à la protéine est le facteur essentiel, sinon le seul, qui régisse la pression osmotique est corroborée par les mesures de pression osmotique sur les gélatinates métalliques. On a vu dans le chapitre IV que la chaux et la baryte se combinent à la gélatine en proportions équivalentes, et que, dans ces cas, l'ion combiné est bivalent, Ca ou Ba. Les expériences ont montré que les gélatinates de Li, Na, K et NH^4 ont à peu près la même pression osmotique à pH égal et à concentration égale de la gélatine prise à l'état isoélectrique, tandis que, dans les mêmes conditions, les gélatinates de Ca ou de Ba ont une pression osmotique au-dessous de la moitié de celle des gélatinates métalliques à cations monovalents [2]. Il en va de même dans le cas des sels métalliques d'ovalbumine cristallisée. La figure 30 montre que les courbes de pression osmotique des albuminates de Na et NH^4 sont à

---

1. Loeb (J.), *J. Gen. Physiol.*, t. III, p. 85, 1920-21.
2. Loeb (J.), *J. Gen. Physiol.*, t. III, pp. 85 et 547, 1920-21.

peu près les mêmes à pH égal, tandis que celle qui se rapporte à l'albuminate de Ca a des ordonnées environ moitié des précédentes.

On a obtenu des résultats semblables en mesurant la pression osmotique des caséinates métalliques.

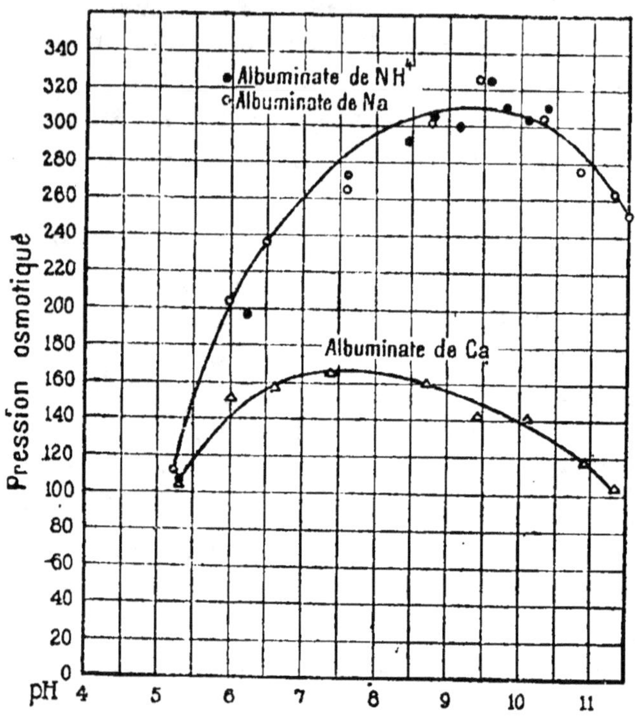

Fig. 30. — Courbe de pression osmotique des albuminates d'ammoniaque, de soude et de chaux à différents pH. Les deux premières de ces courbes sont pratiquement identiques.

Toutes les expériences s'accordent pour montrer que le signe et la valence de l'ion qui entre en combinaison avec la protéine déterminent sa pression osmotique, tandis que la nature spécifique de cet ion semble n'avoir pas d'influence. Ce fait est tout à fait significatif parce qu'il doit être prévu si l'on admet que les propriétés colloïdales dépendent d'un équilibre de Donnan. L'auteur doit faire remarquer que cette loi de valence a été mise en évidence avant qu'il fût informé du fait que l'influence des électrolytes sur la pression osmotique des solutions de protéine pouvait être le résultat d'un équilibre de ce genre.

II. — GONFLEMENT

Il est généralement admis dans la littérature relative aux colloïdes que des blocs de gélatine solide subissent dans les chlorures, les bromures ou les nitrates un gonflement plus grand que dans l'eau pure et que leur gonflement est au contraire moindre dans les citrates, les acétates, les tartrates, les phosphates et les sulfates que dans l'eau. L'auteur de cette affirmation est Hofmeister [1] qui fut un des pionniers de la science des colloïdes et qu'on ne saurait blâmer de n'avoir pas pris en considération la concentration des ions H de ses liquides, cette notion étant inconnue au temps de ses expériences. Hofmeister opérait en mettant des blocs de gélatine dans des solutions salines fortement concentrées. Les différences qu'il observait dans l'effet des différentes solutions étaient petites.

Il affirma même que des solutions de sucre ont un effet déshydratant comme certains sels, et ce fait seul eut dû avertir les chimistes, que de ces expériences on ne pourrait tirer des conclusions relatives à l'action spécifique des ions

---

1. Hofmeister (F.), *Arch. exp. Path. u. Pharm.*, t. XXVIII, p. 210, 1891.

sur les propriétés physiques des colloïdes. Autant qu'a pu savoir l'auteur de ce livre, la distinction entre les ions *hydratants* et *déshydratants* a pris son origine dans ces recherches.

On a souvent affirmé que la validité de la série d'ions d'Hofmeister relative au gonflement, a été confirmée par d'autres auteurs. C'est ainsi qu'à la page 373 du livre de Zsigmondy « *Kolloidchemie* » (2e édit.), on trouve les phrases suivantes qui sont d'accord avec cette impression :

« Wo. Ostwald qui a considéré l'activité de plusieurs acides, a trouvé que le gonflement qu'ils déterminent diminue de l'un à l'autre lorsqu'on les considère dans l'ordre suivant : $HCl >$ $HNO^3 >$ acide acétique $>$ acide sulfurique $>$ acide borique. Fischer a montré que le gonflement de la gélatine par les acides et les alcalis aussi bien que celui de la fibrine, diminue par addition de sels et que l'action déshydratante des chlorures, des bromures et des nitrates est moindre que celle des acétates, des sulfates ou des citrates. Cela nous donne une série semblable à celle que l'on obtient dans le cas de la précipitation des protéines par les sels alcalins, bien que l'ordre n'en soit pas tout à fait le même. »

L'auteur a tendance à interpréter les expériences d'Ostwald et de Fischer autrement que Zsigmondy pour la raison que ces deux auteurs ignoraient la concentration en ions H de leurs liquides. Nos expériences ont montré qu'il est nécessaire de ne tirer de conclusion au sujet de l'activité relative des ions que d'expériences faites à égale concentration d'ions H. Ignorant cette nécessité, Ostwald n'a mis en évidence que la faiblesse des acides acétique et borique comparés à l'acide nitrique, mais non que les anions acétique et borique diminuent le gonflement de la gélatine plus que l'ion nitrique. D'autre part, Fischer n'a mis en évidence que le fait que les citrates et les acétates sont des sels stabilisants qui, ajoutés à une solution d'acide fort, diminuent sa concentration en ions H et non pas que les anions acétique et citrique diminuent le gonflement de la gélatine plus que les ions Cl ou NO^3. Les deux auteurs ont attribué à tort à la nature des anions une action qui ne dépend que d'une variation des pH. En réalité, jamais la série des ions d'Hofmeister relative au gonflement n'a été confirmée.

Si nous nous proposons d'étudier l'action spécifique des ions sur le gonflement de la gélatine, nous devons partir d'une gélatine isoélectrique que nous porterons à différents pH au moyen de différents acides ou alcalis et dont nous comparerons le gonflement à pH égal, pour ces acides et ces alcalis. Si l'on opère ainsi, on voit que lorsque la gélatine est combinée à un anion d'acide bibasique ou tribasique faible, tels que les acides tartrique, citrique, phosphorique, elle se gonfle tout autant que si elle était combinée avec Cl ou NO^3, et cela parce que dans tous les cas l'anion du sel de gélatine est monovalent. Ce n'est que dans le cas du sulfate de gélatine que le gonflement est beaucoup moindre, parce que l'acide sulfurique se combine à la gélatine en proportions équivalentes et non moléculaires, comme le ferait un acide bibasique ou tribasique faible, tel que l'acide phosphorique [1].

---

1. Loeb (J.), *J. Gen. Physiol.*, t. III, p. 247, 1920-21.

Pour mesurer le gonflement on a adopté la méthode volumétrique suivante qui est simple et rapide.

On tamise de la gélatine en poudre et on prend les grains qui passent à travers les mailles n° 50 et non à travers les mailles n°^{os} 30 et 40. On pèse des quantités de 1 gramme chacune de cette gélatine et on les met séparément pendant une heure dans 100 centimètres cubes d'acide acétique $n/128$ à la température de 10° de façon à amener la gélatine à son point isoélectrique. La masse de gélatine en poudre est alors jetée sur filtre et lavée cinq fois avec 25 centimètres cubes d'eau distillée à une température de 5°. Dans la solution d'acide acétique et pendant le lavage sur filtre, on agite constamment cette poudre. On perd ainsi pendant le lavage environ 20 p. 100 de gélatine, si bien que la masse de matière qui sert aux expériences suivantes se trouve être pour chacune d'environ 0^{gr},8.

Chacune des quantités qui, à l'état de poudre sèche pesait d'abord 1 gramme et qui avait absorbé depuis une certaine quantité de liquide (à peu près la même pour chaque échantillon de poudre isoélectrique) est ensuite portée pendant une heure à la température d'environ 20° dans 100 centimètres cubes de l'acide ou de la base dont on veut étudier l'influence sur le gonflement et à différentes concentrations de ce corps ; on agite le tout fréquemment. Pour mesurer le gonflement relatif dans les différents acides ou alcalis à chaque pH, on verse tout ce liquide dans des éprouvettes graduées de 100 centimètres cubes où les grains se déposent rapidement au fond. Les éprouvettes étant placées dans une cuve d'eau à 20° pendant dix ou quinze minutes, on lit après dépôt le volume occupé par les grains de gélatine. Ce volume retient entre les grains une certaine quantité de solution; par suite le volume réel de la gélatine est plus petit que celui qu'on lit. Par conséquent, la méthode ne peut servir à mesurer la valeur absolue du gonflement, mais elle nous permet de déterminer l'influence relative sur ce gonflement d'acides ou de bases divers, à pH égal.

Le pH à l'intérieur des grains de gélatine et dans le liquide environnant est tout à fait différent comme le veut l'équilibre de Donnan. Il n'est donc pas exact d'admettre que le pH des grains de gélatine est celui du liquide qui les surnage. Pour déterminer le pH des grains de gélatine, on les lave sur un filtre de façon à ce que l'acide interposé entre eux puisse s'écouler. Il n'est pas douteux qu'il reste à la surface des grains une trace de cet acide extérieur. On fait fondre ensuite la gélatine et on porte son volume à 100 centimètres cubes en y ajoutant une quantité suffisante d'eau distillée de pH = 5,6. Le pH est alors déterminé au moyen du potentiomètre ; ce pH est probablement un peu trop bas en raison d'une petite quantité d'acide qui adhère aux grains.

Les figures 31 et 32 montrent les résultats obtenus dans les mesures de gonflement en milieu acide. On a pris pour les abscisses les pH trouvés pour la gélatine après l'établissement de l'équilibre. Les ordonnées représentent le volume des grains d'environ 0^{gr},8 de gélatine dans les différents acides. Il est visible que, dans tous les cas, le volume (ou le gonflement) est minimum au point isoélectrique (pH $= 4,7$), qu'il croît quand le pH diminue jusqu'à atteindre un maximum pour un pH voisin de 3,2 ou un peu moindre, et que sa courbe s'abaisse rapidement lorsque le pH continue ensuite à diminuer (par suite, quand la concentration d'ions H continue à croître). Le fait capital est que les courbes relatives aux différents acides chlorhydrique, nitrique, trichlo-

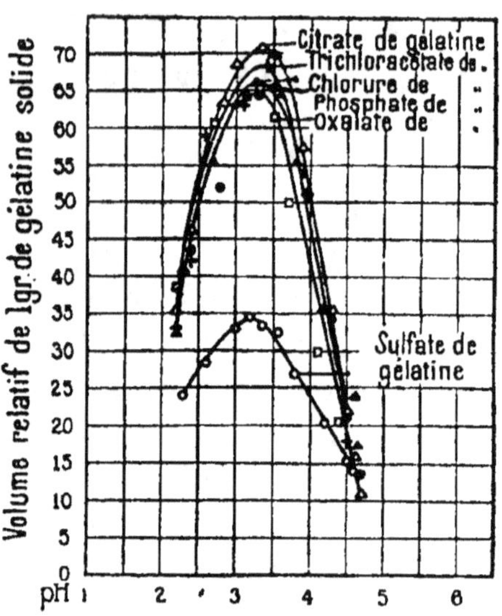

Fig. 31. — Influence des acides chlorhydrique, nitrique, phosphorique, sulfurique, trichloracétique et oxalique sur le gonflement de la gélatine. Les abscisses de la figure sont les pH et les ordonnées, les volumes de la gélatine. Les courbes sont pratiquement identiques pour tous les acides, sauf l'acide sulfurique dont la courbe ne s'élève que moitié aussi haut que celle des autres acides.

racétique, oxalique, phosphorique, citrique et tartrique, sont pratiquement identiques, et montrent ainsi que ce n'est que la valence de l'anion de l'acide que l'on emploie, et non sa nature, qui règle le gonflement de la gélatine, si l'on tient compte de ce que l'anion des acides organiques dibasiques ou tribasiques faibles qui se combinent à la gélatine est toujours monovalent.

La courbe relative au gonflement du sulfate de gélatine, où l'anion qui se combine à la gélatine est bivalent, s'élève seulement à la moitié de la

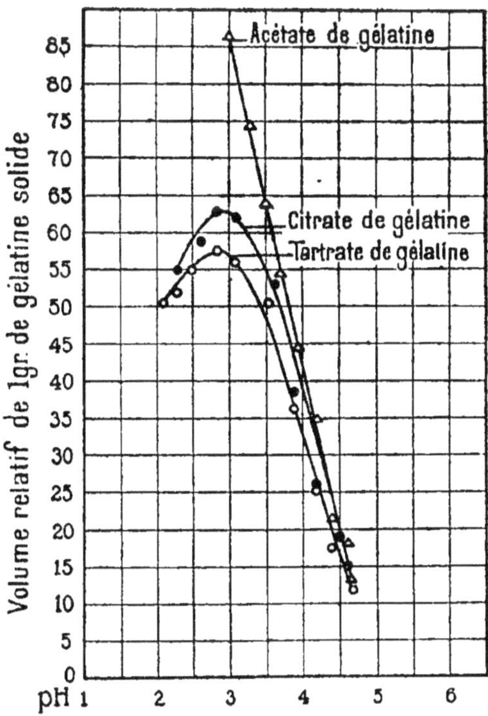

Fig. 32. — Influence des acides citrique, tartrique et acétique sur le gonflement de la gélatine. Les courbes sont pratiquement identiques pour les acides citrique et tartrique avec celles des acides chlorhydrique et nitrique de la figure 31. La courbe relative à l'acide acétique est un peu plus élevée en raison peut-être de quelque inflnence secondaire spécifique de l'acide sur la cohésion de la gélatine.

hauteur de la courbe correspondant aux sels de gélatine contenant un anion d'acide bibasique faible (fig. 31 et 32).

L'acide acétique produit un gonflement qui va croissant avec sa concentration, mais il faut se rappeler que pour amener le pH de la gélatine à 3,0, il faut employer de l'acide acétique normal, et qu'il n'est pas impossible que, dans ce cas, la concentration élevée en acide non dissocié produise une modification physique secondaire de la gélatine (telle qu'une diminution de cohésion entre ses particules).

Les courbes de la figure 33 ont trait à l'action des alcalis sur le gonflement. Les courbes rela-

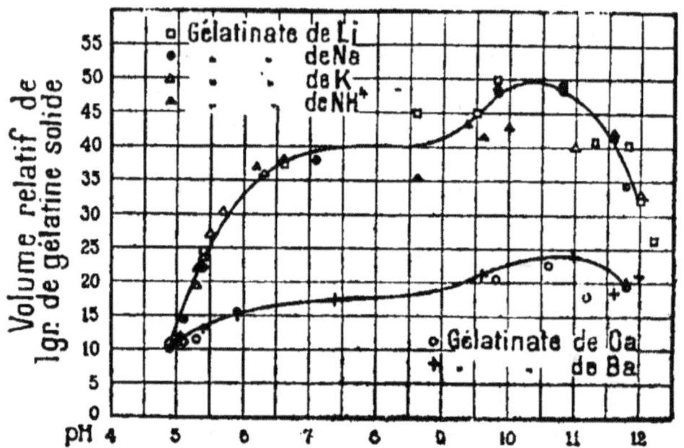

Fig. 33. — Courbes montrant l'influence de différentes bases sur le gonflement de la gélatine. Les courbes sont pratiquement identiques pour la lithine, la soude, la potasse et l'ammoniaque, et s'élèvent au double de la hauteur atteinte par les courbes relatives à la chaux et la baryte.

tives à Li, à Na, à K, et à NH⁴ sont en fonction des pH pratiquement les mêmes. Les valeurs sont seulement irrégulières pour l'ammoniaque lorsque le pH est supérieur à 8,5, peut-être en raison de la haute concentration d'ammoniaque nécessaire pour amener la gélatine à ces pH élevés. Le fait capital que montrent ces courbes est que le gonflement maximum des sels de gélatine formés avec des cations bivalents comme Ca ou Ba est fort inférieur à celui qu'on obtient avec les sels de gélatine à cations monovalents comme Na, K, ou NH$_4$[1]. Ceci est d'accord avec les résultats des expériences de titrage d'où résulte que la chaux et la baryte se combinent à la gélatine en proportions équivalentes, et que, par suite, le cation qui se combine à la gélatine est alors bivalent. On pourra remarquer que le gonflement maximum de la gélatine dans les alcalis est moindre que dans les acides; on n'observe rien de pareil dans les courbes relatives à la pression osmotique. Cela est dû ou bien à des différences de cohésion entre les ions du gel dans ces deux cas, ou à ce qu'une plus grande quantité de gélatine solide se dissout dans les alcalis que dans les acides. C'est là un point qui demande de nouvelles études.

Les résultats que nous venons de présenter montrent avec clarté que la série d'Hofmeister n'exprime pas de façon exacte l'effet relatif des ions sur le gonflement de la gélatine, et qu'il n'est pas vrai que les chlorures, les bromures et les nitrates « hydratent » la gélatine, et que les acétates, les tartrates, les citrates et les phosphates la « déshydratent ». Si l'on prend en considération le pH de la gélatine, on trouve qu'à pH égal, les ions chlorure, nitrique, trichloracétique, tartrique, succinique, oxalique, citrique et phosphorique exercent une action égale sur le gonflement, tandis que le gonflement sous l'influence de l'ion sulfurique est beaucoup moindre. C'est tout à fait ce qu'on pouvait prévoir d'après la loi de valence en se basant sur les rapports de combinaison des différents acides

---

1. Loeb (J.), *J. Gen. Physiol.*, t. III, p. 247, 1920-21.

avec la gélatine, puisque les acides faibles bibasiques ou tribasiques se combinent à la gélatine
en proportions moléculaires, tandis que l'acide
bibasique fort qu'est l'acide sulfurique se combine, lui, en proportions équivalentes. Dans le
cas des acides bibasiques faibles, l'anion qui se
combine à la gélatine est monovalent; dans le
cas de l'acide sulfurique fort, il est bivalent. Ce
n'est donc que la valence et non la nature de
l'ion se combinant à la gélatine qui modifie la
grandeur de son gonflement. Nous verrons dans
le volume où nous nous occuperons de la théorie
des phénomènes colloïdaux que, d'après Procter
et Wilson, l'acide modifie le gonflement en chan-
geant la pression osmotique du chlorure de gélatine grâce à l'établissement d'un équilibre de
Donnan, et que la force qui s'oppose au gonflement et le limite est la cohésion entre les molécules de protéine du gel. Il est évident que l'anion
d'un acide peut modifier à la fois l'équilibre de
Donnan entre le liquide extérieur et intérieur à la
gelée, et en même temps, la force de cohésion
entre les particules. Cette dernière influence qui
est négligeable en ce qui concerne le gonflement
du gel de gélatine est au contraire prépondérante
dans le cas des particules solides de caséine. Les
granules de caséine se gonflent et sont solubles
dans l'acide chlorhydrique, mais non dans l'acide
trichloracétique. La caséine est plus soluble
dans l'acide chlorhydrique que dans l'acide nitrique. Cette influence des anions sur la solubilité
et la cohésion doit être nettement séparée de
l'influence des acides sur les propriétés colloïdales, parce que la solubilité est un phénomène
général qui concerne aussi bien les cristalloïdes

que les colloïdes, et non exclusivement les colloïdes.

Il a paru récemment un mémoire de Kuhn[1], du laboratoire physico-chimique de Leipzig. L'auteur entreprend d'y montrer que différents acides modifient le gonflement de la gélatine, non pas d'après la loi de valence, mais d'après la nature de l'anion de l'acide, autrement dit, d'accord avec la série d'Hofmeister. Kuhn calcule la concentration d'ions H de ses solutions de protéine comme si le pH était le même dans les solutions aqueuses, qu'elles contiennent ou non de la protéine, ce qui est inexact comme nous l'avons montré au chapitre IV. D'autre part, Kuhn a complètement négligé le fait qu'en raison de l'équilibre de Donnan, le pH intérieur du gel est différent du pH extérieur. Il a encore de plus négligé de porter, comme il est nécessaire, sa gélatine au point isoélectrique avant d'y ajouter de l'acide, et l'on ne peut alors des quantités d'acide ajoutées déduire la concentration en ions H de la solution de protéine ; il est enfin nécessaire d'insister sur ce que l'expression correcte de l'activité relative des acides est donnée par leur coefficient d'activité (c'est-à-dire, par le pH), et non par le rapport de leurs conductivités. Il est à peine utile de faire remarquer qu'aucune conclusion ne peut être tirée d'expériences aussi incorrectes que celles de Kuhn.

Dans un ouvrage récent, Pauli[2] a commis une erreur semblable à celle de Kuhn, en comptant

---

1. Kuhn (A.), *Kolloidchem. Beihefte*, t. XIV, p. 148, 1921-22.

2. Pauli (W.), « Kolloidchemie der Eiweisskörper », Dresde et Leipzig, pp. 56 et 58, 1920.

la quantité d'acide combinée à la protéine d'après la concentration de l'acide ajouté, et non d'après le pH de la solution de protéine. Pauli croit, lui aussi, à la réalité des séries d'Hofmeister.

III. — Viscosité

La loi de valence qui nous permet de prévoir la pression osmotique relative des solutions de protéine, s'applique également à la viscosité des solutions de gélatine et de caséine.

Nous commencerons par décrire des expériences relatives à l'influence de la gélatine sur la viscosité de l'eau [1]. On a préparé une provision de solution de gélatine isoélectrique à 4 p. 100, et on en a chauffé à 45° une certaine partie qu'on a diluée à 1,6 p. 100 de façon à en avoir une quantité suffisante pour les expériences d'une journée. Cette solution à 1,6 p. 100 est gardée pendant tout le jour à la température de 24°. On ajoute à 50 centimètres cubes de ce liquide l'acide ou l'alcali que l'on veut en quantité déterminée, et on amène le volume à 100 centimètres cubes, en ajoutant ensuite de l'eau distillée. La solution, dont le titre est ainsi 0,8 p. 100, est rapidement portée à la température de 45° où elle reste une minute, puis on la refroidit rapidement à 24°. Pendant qu'on la chauffe et qu'on la refroidit, on l'agite constamment. Aussitôt après refroidissement, on mesure sa viscosité. Les mesures sont toutes faites à cette même température de 24°, en comptant le temps d'écoulement du liquide à travers un viscosimètre. On s'est

---

1. Loeb (J.), *J. Gen. Physiol.*, t. III, p. 85, 1920-21.

servi d'un viscosimètre d'Ostwald dans lequel le temps d'écoulement de l'eau distillée à 24° était exactement une minute. On a répété chaque mesure de viscosité avec la même solution de gélatine, et on a mesuré au début et à la fin de chaque

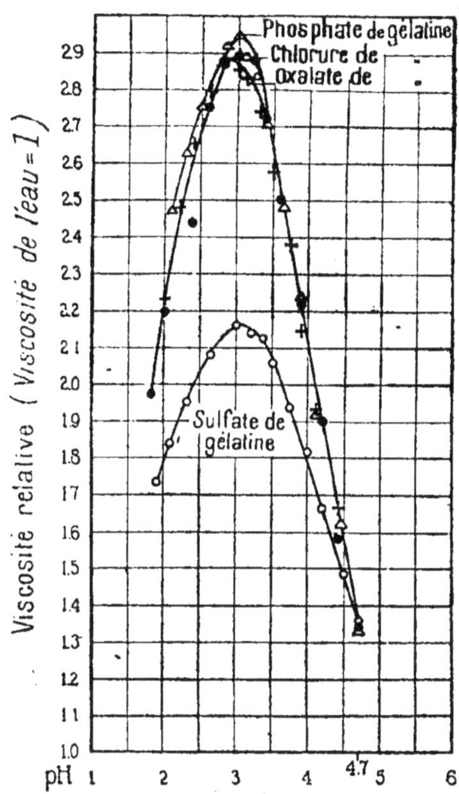

Fig. 34. — Les courbes de cette figure représentent la viscosité relative d'une solution à o,8 p. 100 de gélatine comptée à l'état isoélectrique et amenée à différents pH. Les courbes de viscosité relative sont pratiquement identiques pour le chlorure, le phosphate et l'oxalate de gélatine. La viscosité relative est le rapport du temps d'écoulement dans un viscosimètre de la solution de gélatine au temps d'écoulement de l'eau pure à même température (24°).

série la viscosité de la gélatine isoélectrique. Ces dernières mesures sont d'accord dans toutes les expériences à une seconde près, le temps ne variant que de quatre-vingt à quatre-vingt-une secondes, ce qui garantit la possibilité de reproduire l'expérience.

Les résultats peuvent être rapidement indi-

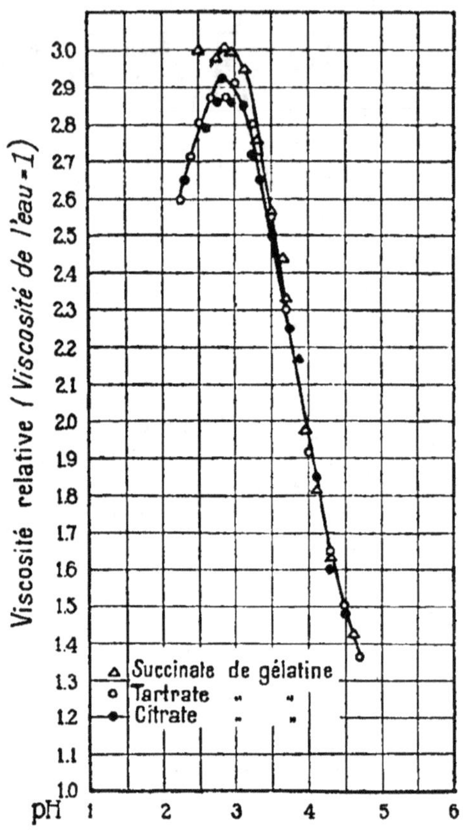

Fig. 35. — Courbes représentant la viscosité relative des succinate, tartrate et citrate de gélatine. Les courbes sont pratiquement identiques à celles qui représentent la viscosité du chlorure et du phosphate de gélatine.

qués. La figure 34 montre les courbes de viscosité relative des solutions à 0,8 p. 100 de chlorure, de sulfate, d'oxalate et de phosphate de gélatine. Les pH des solutions de gélatine sont

portées en abscisses et le rapport du temps
d'écoulement de la gélatine au temps d'écoulement de l'eau pure en ordonnées. Pour abréger,
on appellera ce coefficient, viscosité relative
des solutions de gélatine. Les courbes relatives

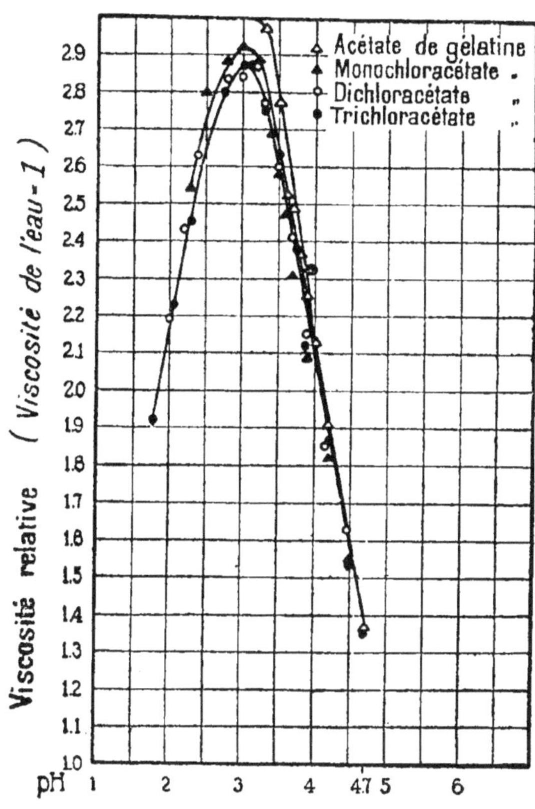

Fig. 36. — Courbes représentant la viscosité relative de l'acétate,
et des mono-, di- et trichloracétate de gélatine. Ces courbes sont
identiques à celles du chlorure et du phosphate de gélatine.

aux quatre acides s'élèvent toutes rapidement à
partir du point isoélectrique quand croît la concentration en ions H, jusqu'à ce qu'elles atteignent un maximum pour un pH voisin de 3,0 ou
d'une valeur un peu plus élevée. Les courbes

relatives aux trois sels : chlorure, oxalate et phosphate de gélatine sont pratiquement identiques ; la courbe du sulfate de gélatine s'élève beaucoup moins.

La figure 35 contient les courbes de viscosité des citrate, tartrate et succinate de gélatine. Ces trois courbes sont pratiquement identiques entre elles et identiques aussi aux courbes du chlorure et du phosphate de gélatine de la figure 34.

Dans la figure 36, on trouvera les courbes de viscosité des solutions à 0,8 p. 100 de gélatine prise à l'état isoélectrique, dans lesquelles on a ajouté l'un des acides acétique, mono-, bi- et trichloracétique. Les courbes sont encore identiques à celles du chlorure, du phosphate de gélatine, etc., à ceci près que la courbe de viscosité pour l'acide acétique est un peu plus élevée que pour les autres acides. Une anomalie analogue avait été également signalée pour l'acide acétique en ce qui concerne le gonflement, mais non dans le cas de la pression osmotique. L'influence d'un acide sur la viscosité de la gélatine est en réalité une influence exercée sur le gonflement de petits agrégats de gelée contenus dans la solution de gélatine, comme on le verra dans un autre volume [1]. Cela fait penser que l'influence excessive des concentrations élevées d'acide acétique sur la viscosité peut avoir la même cause que celle qui s'exerce sur le gonflement, c'est-à-dire être due à une trop forte concentration de molécules d'acide non dissocié agissant peut-être sur la cohésion du gel.

Les courbes de titrage obtenues avec les alca-

1. Loeb (J.), « Théorie des propriétés colloïdales ».

lis nous ont montré que Ca et Ba se combinent avec les protéines en proportions équivalentes ; nous devons donc prévoir que les courbes de viscosité des protéinates de Ba et de Ca seront moins élevées que celles des protéinates de Li. Na, K et NH^4. C'est bien ce que montre l'expérience.

Dans les recherches sur la viscosité des solutions de caséine, il y a lieu de prendre en considération la solubilité limitée des sels de caséine. Dans la région comprise entre les pH 4,7 et 3,0, ou même un peu au-dessous, ni le chlorure, ni le phosphate de caséine ne sont assez solubles pour permettre de préparer une solution à 1 p. 100, et par suite, dans cette région l'influence de la caséine sur la viscosité de l'eau est négligeable. Les courbes représentant la viscosité relative des solutions à 1 p. 100 de chlorure et de phosphate de caséine (comparée à celle de l'eau pure) s'élèvent rapidement au pH 3,0. Lorsque la concentration en ions H s'accroît davantage, la courbe retombe brusquement, comme le fait la courbe relative à la gélatine. Cela indique que le maximum d'influence du chlorure de caséine sur la viscosité correspond à un pH égal ou supérieur à 3,0. La courbe d'influence du phosphate de caséine sur la viscosité coïncide avec celle du chlorure.

La différence entre les courbes de viscosité des caséinates de Na et de Ba (fig. 37) est également pareille à celle qu'on trouve pour les sels correspondants de gélatine.

Dans l'influence des ions monovalents ou bivalents sur les propriétés physiques des protéines qui sont caractéristiques de l'allure colloïdale, la valence et le signe de la charge de l'ion jouent seuls un rôle, c'est-à-dire que les ions qui ont même valence et même signe de charge ont un même effet. On verra dans l'ouvrage cité ci-dessus que, s'il en est ainsi, c'est que les caractères colloïdaux sont le résultat des forces nées d'un équilibre de Donnan, et que, dans l'équation de cet équilibre, seuls apparaissent le signe de

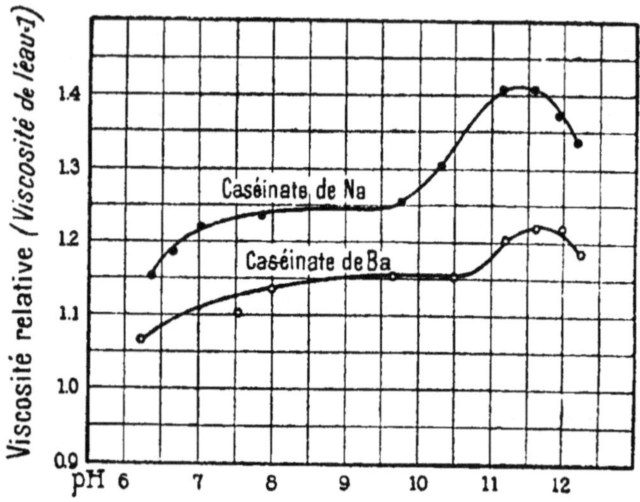

Fig. 37. — Courbes représentant les viscosités relatives des caséinates de Na et de Ba pour différents pH.

la charge et la valence. Il est encore évident qu'il aurait été impossible d'arriver à cette loi de valence si l'on n'avait montré le caractère chimiquement normal de la combinaison des protéines avec les acides et les bases, et en particulier, si l'on n'avait fait voir que les acides bibasiques et tribasiques faibles se combinent en proportions moléculaires dans la zone de pH que l'on considère.

On a trouvé que les acides et les alcalis modifient la viscosité de l'ovalbumine cristallisée,

mais assez faiblement, à moins que la température ou la concentration de l'albumine ne soient
trop élevées. Ceci est d'une grande importance
théorique, comme on pourra le voir dans le
volume sur « la Théorie des propriétés colloïdales ».

CHAPITRE VIII

ACTION DES SELS NEUTRES
SUR LES PROPRIÉTÉS PHYSIQUES
DES PROTÉINES

I. — Différence dans l'action des acides, des alcalis
et des sels sur les protéines

L'argument le plus frappant qu'on ait pu donner en faveur de l'existence supposée d'une action spécifique des ions sur les protéines (à part celle qui est due à la valence des ions), paraît avoir été fourni par les expériences sur l'influence des sels neutres sur la pression osmotique, le gonflement et la viscosité des solutions de protéine.

Un grand nombre d'auteurs ont remarqué que l'influence des sels neutres sur les propriétés physiques des protéines diffère de celle qu'exercent les acides et les bases, et on a fait diverses tentatives pour arriver à exprimer d'une manière précise cette différence. Quelques auteurs soutiennent que les sels neutres forment avec les molécules de protéine « électriquement neutre », c'est-à-dire non ionisée, des « composés d'adsorption » dans lesquels les deux ions du sel sont censés adsorbés simultanément par les molécules de protéine neutre[1]. Cette idée n'est plus soute-

1. Pauli (W.), *Fortschr. naturwiss. Forschung*, t. IV, p. 223, 1912.

nable pour les solutions salines, tant au moins que la concentration du sel n'est pas trop élevée. Les expériences sur la gélatine en poudre décrites au chapitre II ont montré qu'il n'y a (au moins pratiquement) qu'un seul des deux ions d'un sel neutre qui puisse, selon les circonstances, se combiner à la protéine. Au point isoélectrique, c'est-à-dire au pH 4,7, la gélatine ne se combine à aucun des ions d'un sel neutre; quand le pH est supérieur à 4,7, c'est seulement l'ion métallique du sel neutre qui entre en combinaison pour former un gélatinate métallique; quand le pH est inférieur à 4,7, c'est seulement l'anion du sel qui peut se combiner et donner naissance à un sel acide de gélatine.

R.-S. Lillie[1] a constaté que les sels diminuent la pression osmotique de la gélatine au lieu de la faire croître comme les acides et les alcalis. Cette affirmation, qui représentait les faits tels qu'ils étaient observés par Lillie, n'était pas absolument correcte en raison de ce qu'on n'avait pas pris en considération l'influence de la concentration en ions H sur la solution de gélatine. On a montré dans le chapitre précédent que l'addition d'acide à une solution d'un sel acide de gélatine de pH égal ou inférieur à 3,0, a pratiquement le même effet que l'addition d'un sel neutre, c'est-à-dire diminue la pression osmotique de la solution ; de même, l'addition à un gélatinate métallique en solution d'un alcali tel que KOH, à un pH égal ou supérieur à 11,0, diminue la pression osmotique comme le ferait l'addition de KCl. On a encore fait remarquer une dimi-

---

1. Lillie (R.-S.), *Am. J. Physiol.*, t. XX, p. 127, 1907-08.

nution de la même pression lorsqu'on ajoute, soit un peu d'acide à une solution de gélatinate métallique, soit un peu d'alcali à une solution de sel acide de gélatine, en raison de ce que, dans les deux cas, la gélatine se trouve par là rapprochée de son point isoélectrique.

Il n'est donc pas juste de parler d'un antagonisme entre l'effet des acides et des sels, car nous venons de montrer qu'il y aurait aussi antagonisme entre l'effet d'une petite et d'une grande quantité d'acide. C'est ainsi, par exemple, que l'addition à un sel acide de gélatine de pH = 3,0 d'une nouvelle quantité du même acide diminue sa pression osmotique et sa viscosité. Nous avons donc à nous demander comment on peut exprimer correctement l'effet constaté.

La solution paraît la suivante : supposons que le pH soit celui du point isoélectrique d'une protéine à laquelle nous allons ajouter du HCl. Dans ce cas, plus nous ajouterons d'acide, plus il y aura de protéine non ionisée transformée en sel. La formation de ce sel augmente la pression osmotique, le gonflement et la viscosité de la protéine. Nous sommes là d'accord avec Laqueur et Sackur et avec Pauli, bien que la raison donnée par ces auteurs de l'effet que l'ionisation de la protéine produit sur ces propriétés physiques, soit inexacte, comme nous le verrons dans le volume qui traite de cette question. En même temps, l'anion de l'acide agit en sens contraire, c'est-à-dire de manière à diminuer les mêmes grandeurs. L'addition d'acide a donc sur la pression osmotique, la viscosité et le gonflement d'une protéine deux effets opposés dont le premier consiste en un accroissement, grâce à la formation en quantité de plus en plus grande de sel de protéine à mesure qu'augmente la concentration en ions H, tandis que l'autre consiste en une diminution due à l'anion Cl dans l'exemple choisi. Au début, la première de ces influences, l'accroissement, varie beaucoup plus rapidement que l'effet contraire, car l'addition à la protéine isoélectrique d'une petite quantité d'acide donne lieu à la formation d'un sel de protéine. Mais lorsque le pH de la solution s'approche de la valeur 3,0 et s'abaisse encore au-dessous, l'accroissement dû à la formation de nouvelles quantités de chlorure de gélatine devient moins rapide que la diminution due à l'anion. Pour des additions nouvelles d'acide, l'effet des ions Cl finit par l'emporter sur celui des ions H, et les quantités considérées décroissent. On donnera dans le volume indiqué la véritable raison de ce phénomène. De même, quand on ajoute un alcali tel que NaOH à une protéine isoélectrique, comme la gélatine, il y a d'abord surtout transformation de protéine non ionisée en un protéinate métallique comme le gélatinate de Na, et cela fait croître rapidement la pression osmotique, la viscosité et le gonflement en accroissant la concentration de la protéine ionisée pour une raison que nous ferons connaître ultérieurement. Le cation de l'alcali, Na, a tendance à diminuer ces propriétés et la diminution qui lui est due commence à devenir apparente lorsque le pH dépasse une certaine valeur. Une addition ultérieure d'alcali fait ensuite prédominer l'abaissement dû au cation, (par exemple Na) sur l'accroissement dû à l'ion OH.

Il en résulte que les sels ne peuvent agir sur la pression osmotique et la viscosité des solutions

de protéine et sur le gonflement des gels que
pour les diminuer et jamais pour les augmenter,
pour des raisons faciles à comprendre. L'addition
à une protéine isoélectrique, en solution ou à
l'état de gel, d'acide ou d'alcali détermine la formation d'un sel de protéine qui subit la dissociation électrolytique. L'addition d'un sel neutre, tel
que LiCl, NaCl, KCl, $MgCl^2$, $CaCl^2$, $SrCl^2$, $BaCl^2$,
Na^2SO^4, à une protéine isoélectrique ne détermine la formation, ni d'un sel de protéine, ni
d'ions de protéine, pourvu que la solution con-
serve le pH du point isoélectrique. C'est ce que
montrent les expériences de cataphorèse sur les
particules de protéine aussi bien que les recherches
sur l'osmose anomale.

Cette conclusion est encore confirmée par les
expériences sur les potentiels de membrane qu'on
décrira dans le volume cité plus haut. S'il est vrai
que l'accroissement de la pression osmotique et
de la viscosité des solutions des protéines et du
gonflement de leurs gels par les acides et les
alcalis soit dû à la formation d'ions de protéine,
on doit prévoir que l'addition de sels tels que
NaCl, Na^2SO^4, ou $CaCl^2$ à des solutions de gélatine isoélectrique ou d'autres protéines ne pourra
augmenter la pression osmotique de ces solutions
et cela se vérifie [1]. Seuls les sels à ions trivalents
ou tétravalents font croître la pression osmotique
des solutions de gélatine isoélectrique, mais il
est probable que, dans ce cas, la concentration
des ions H se trouve modifiée.

Quand on ajoute à une solution de chlorure de
gélatine de pH $= 3,0$ (dont la pression osmotique

---

1. Loeb (J.), *J. Gen. Physiol.*, t. IV, p. 741, 1921-22.

est relativement élevée) du NaCl ou du CaCl², etc..., le sel doit abaisser cette pression grâce à l'accroissement de concentration de l'anion du sel de protéine, et la diminution ainsi produite doit être la même que si la concentration des anions avait été accrue par l'addition d'une nouvelle quantité de HCl. Si l'on ajoute à du géla tinate de sodium de pH = 10,0 (dont la pression osmotique est élevée) soit du NaCl, soit du CaCl², l'accroissement des ions Na dû aux sels exerce la même action dépressive qu'aurait eu l'accroissement de concentration des ions Na par addition de NaOH. La justesse de ces déductions résulte des expériences suivantes :

On prépare une solution à 1,6 p. 100 environ de gélatine isoélectrique, et on porte son pH à 4,0 ; puis on l'amène à une concentration de 0,8 p. 100 de gélatine, prise à l'état isoélectrique, par addition à 50 centimètres cubes de la solution d'une quantité égale d'eau ou d'une solution d'un sel tel que NaCl à une concentration moléculaire qui peut varier de $m/8192$ à $1\ m$. On a soin que le pH ne varie pas. On mesure le temps d'écoulement au viscosimètre de ces liquides de la manière décrite au chapitre VII, et l'on prend les rapports des temps d'écoulement à celui de l'eau pure comme ordonnées de courbes dont les pH sont les abscisses (fig. 38, courbe inférieure). Nous appellerons viscosités relatives les quotients considérés. L'addition de NaCl ne fait que diminuer ces quantités, elle ne les accroît jamais.

Si maintenant nous mêlons la solution à 1,6 p. 100 de gélatine, de pH = 4,0, à de l'acide chlorhydrique à diverses concentrations (fig. 38, courbe supérieure), on voit, contrairement à ce

qui se passe avec NaCl, qu'il y a d'abord accroissement de la viscosité relative, puis diminution
quand la concentration des ions Cl est un peu
supérieure à $n/1000$. Dans la figure 38, la diminution commence pour une concentration de HCl

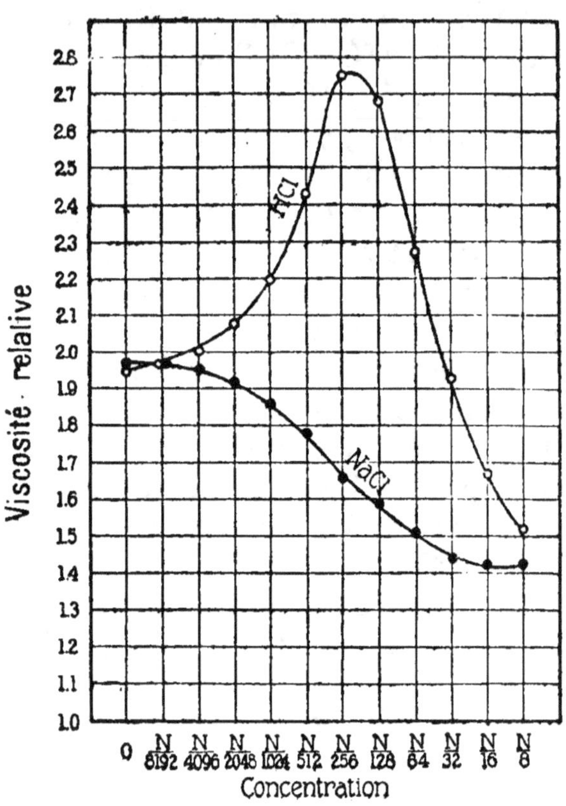

Fig. 38. — Différences dans l'influence de différentes concentrations
de NaCl et de HCl sur la viscosité relative d'une solution à
0,8 p. 100 de chlorure de gélatine de pH = 4,0. Avec NaCl, nous
n'observons que la diminution due à l'ion Cl, avec HCl, nous
observons à la fois l'accroissement dû à l'ion H et la diminution due à l'ion Cl. Cette dernière devient prépondérante dès que la
concentration de l'acide dépasse $n/256$.

d'environ $n/256$, mais on se rappellera que par
suite de la combinaison de l'acide avec la gélatine
le pH de la solution est alors d'environ 3,0. En

d'autres termes, tandis que l'addition d'ions H accroît la viscosité d'une solution de chlorure de gélatine dont le pH est 4,0, en raison de l'accroissement de la quantité de chlorure de gélatine, l'addition d'ions Na ne saurait produire un tel effet ; mais, dans les deux cas, l'ion Cl diminue

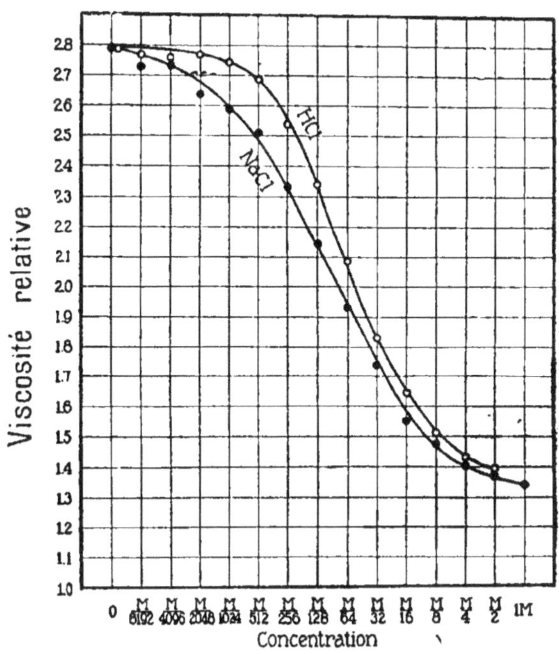

Fig. 39. — La viscosité relative d'une solution à 0,8 p. 100 de chlorure de gélatine de pH = 3,0 est diminuée presque autant par l'ion Cl de HCl que par celui de NaCl. Dans ces conditions l'accroissement dû à l'ion H de HCl n'est plus appréciable.

la viscosité, que ce soit NaCl ou HCl que l'on ajoute, et cette diminution due à l'ion Cl croît avec sa concentration. D'autre part, l'accroissement de viscosité par les ions H s'arrête lorsque le pH de la solution atteint environ 3,0, parce qu'alors la protéine est sensiblement tout entière à l'état de combinaison avec l'acide.

Quand on répète la même expérience avec une solution de gélatine dont le pH est 3,0, l'addition de NaCl abaisse encore la viscosité (fig. 39) ; l'addition de HCl ne détermine plus alors d'augmentation, mais aussi une diminution qui commence toutefois un peu plus tard qu'avec NaCl.

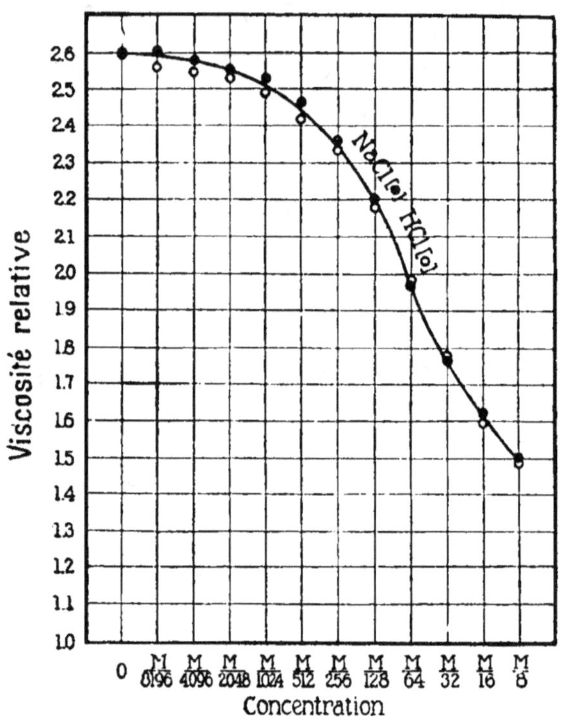

Fig. 40. — Quand une solution de gélatine a un pH = 2,5, HCl et NaCl diminuent de la même manière la viscosité relative de cette solution.

Mais si l'on répète encore la même expérience en prenant une solution de gélatine dont le pH est cette fois 2,5 (fig. 40), on constate alors une chute immédiate de la viscosité aussi bien par addition de HCl que de NaCl, les courbes données par ces deux substances coïncidant pratiquement, comme le veut notre théorie.

Que la diminution de la viscosité du chlorure de gélatine due à la présence d'un sel soit exclusivement déterminée par l'anion du sel, et que le cation n'ait aucun effet contraire, c'est ce que montre la figure 41 où est représentée l'influence

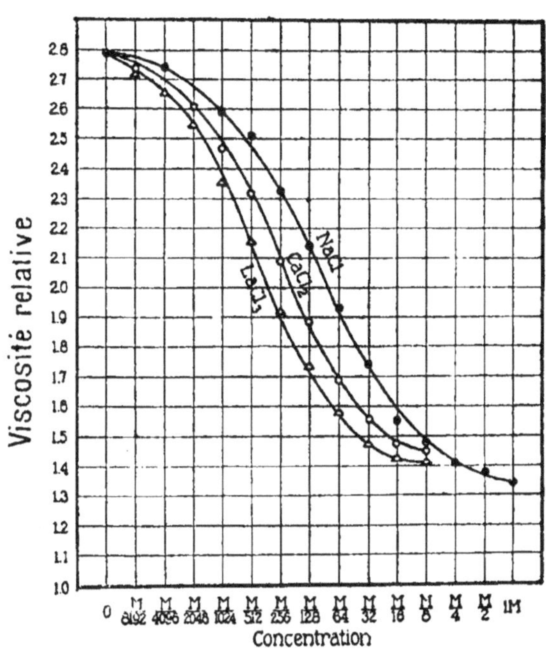

Fig. 41. — La diminution de viscosité relative d'un chlorure de gélatine à 0,8 p. 100, de pH = 3,0 est, pour des concentrations équimoléculaires de $NaCl$, de $CaCl^2$ et de $LaCl^3$, en gros proportionnelle aux concentrations des ions Cl, c'est-à-dire dans le rapport 1 : 2 : 3.

de $NaCl$, de $CaCl^2$ et de $LaCl^3$ sur la viscosité d'une gélatine de pH = 3,0. On ajoute à 50 centimètres cubes d'une solution à 1,6 p, 100 de chlorure de gélatine de pH = 3,0, 50 centimètres cubes d'une solution à diverses concentrations de chacun des sels en ayant soin que le pH reste 3,0. Il est évident, quand on regarde la figure 41, que les concentrations moléculaires de NaCl, de $CaCl^2$ et de $LaCl^3$ qui diminuent au même degré la viscosité sont à peu près dans le rapport 3 : 2 : 1. Par suite, quand on rapporte dans la courbe l'effet de

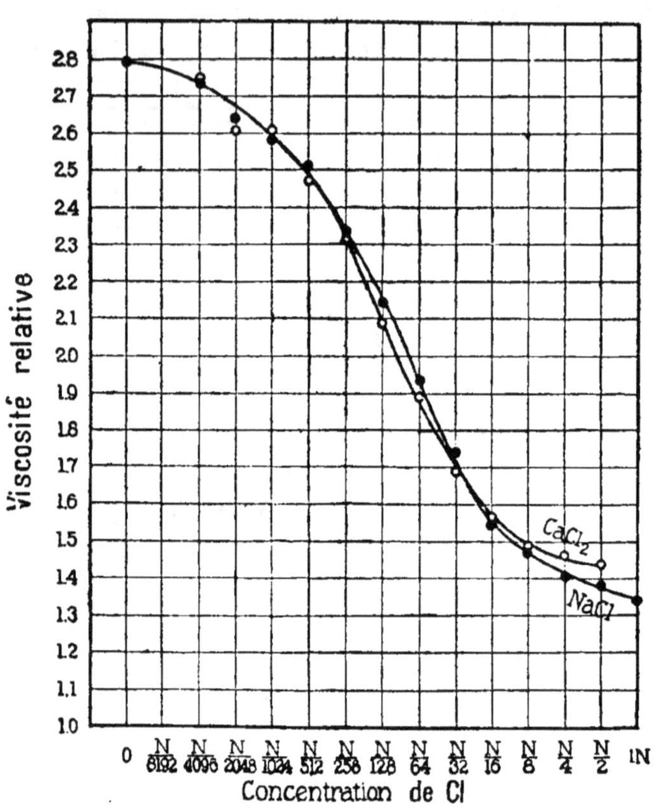

Fig. 42. — Cette figure montre que NaCl et $CaCl^2$ diminuent de la même manière la viscosité d'un chlorure de gélatine de pH $= 3{,}0$ quand la concentration des ions Cl est la même.

NaCl et de $CaCl^2$ à une même concentration d'ions Cl, les courbes de ces sels se superposent à peu près (fig. 42), et cela serait encore sensiblement vrai pour la courbe de $LaCl^3$. L'abaissement par ces trois sels de la grandeur des propriétés

du chlorure de gélatine est donc pratiquement une
fonction de la seule concentration des ions Cl,
aucune action contraire du cation ne pouvant être
constatée. La même différence dans l'action des

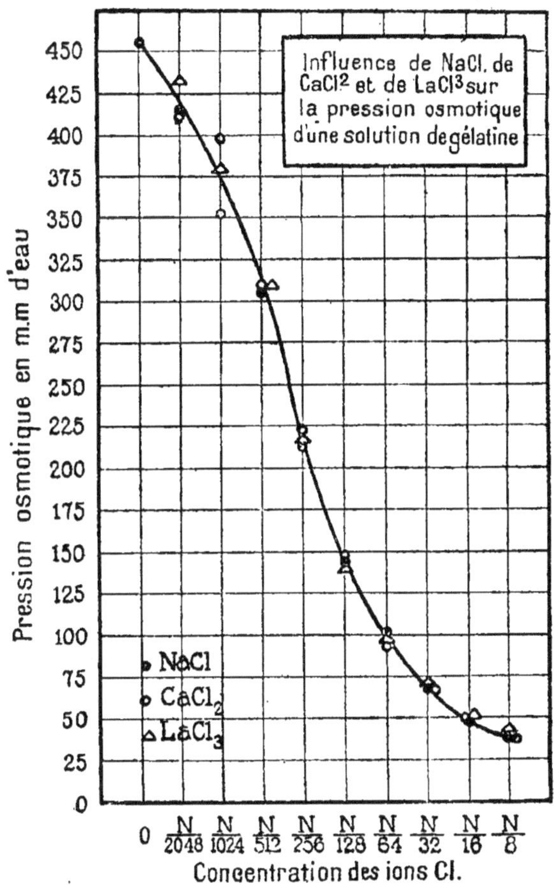

Fig. 43. — Influence sur la pression osmotique d'une solution de chlorure de gélatine à 1 p. 100, de pH = 3,0, de NaCl, de CaCl² et de LaCl³. Les ordonnées de la figure sont les pressions osmotiques en millimètres d'eau ; les abscisses, les concentrations des ions Cl des sels. La diminution est la même pour les trois sels, ce qui montre que les anions seuls modifient dans ce cas la pression osmotique.

acides et des sels se manifeste lorsqu'on considère

la pression osmotique des solutions de protéines.
La figure 43 fait connaître l'abaissement subi sous
l'influence de NaCl, CaCl², et LaCl³ par la pression osmotique d'une solution à 1 p. 100 de chlorure de gélatine de pH = 3,0. Les ordonnées de
cette courbe sont les pressions osmotiques obtenues au bout de dix-huit heures à la température
de 24°; les abscisses sont les concentrations
d'ions Cl des trois sels. La diminution de la pression osmotique est pour toutes la même, ce qui
montre que seul l'anion du sel modifie la pression
osmotique d'une solution de chlorure de gélatine
de pH = 3,0 et ne peut que la diminuer. Les
expériences de Hitchcock sur l'influence des sels
sur la pression osmotique des solutions d'édestine
ont donné des résultats semblables.

On a eu soin de s'assurer dans tous ces cas que
l'addition de sel ne modifie pas le pH de la solution de gélatine.

Si l'on prépare des solutions à 0,8 p. 100 de
chlorure de gélatine, de pH = 3,0, dans lesquelles
il y ait des sels de Na dont l'anion soit un acide
faible, tel que l'oxalate ou le ferrocyanure de
sodium, le pH croît, et on risque d'attribuer par
erreur à un abaissement par l'anion ce qui est
dû en réalité à un accroissement du pH. La
figure 44 montre l'action, à concentration moléculaire égale de NaCl, de Na²SO⁴ et de Na⁴Fe(CN)⁶
sur le chlorure de gélatine de pH = 3,0. Pour le
dernier de ces sels, on ne peut employer que des
concentrations basses, comprises entre $m/8192$ et
$m/1024$, parce que ce n'est que dans ces limites
que le pH de la solution de protéine peut rester
égal à 3,0. La figure 44 montre que l'abaissement
de viscosité dû à ces sels croît rapidement avec la

valence de l'anion. Lorsque la concentration du sel n'est que de $m/1024$, on peut déjà remarquer une diminution de la viscosité ; cette diminution est petite avec NaCl (de 2,8 à 2,6), plus considérable avec Na^2SO^4 (de 2,8 à 2,35), et beaucoup plus

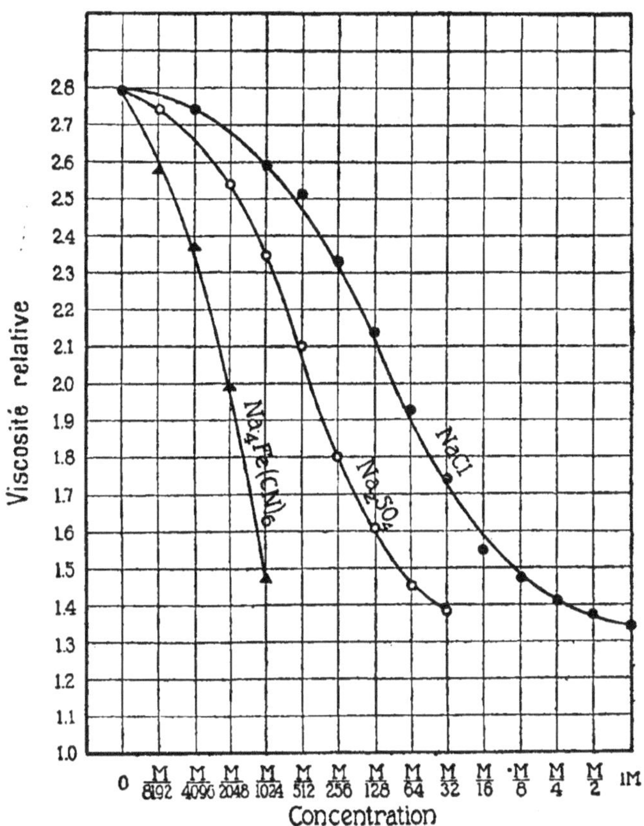

Fig. 44. — Diminution de viscosité relative d'une solution de chlorure de gélatine de pH = 3,0 par les sels NaCl, Na^2SO^4 et $Na^4Fe(CN)^6$ à concentration moléculaire égale. Elle est, pour ces trois sels, à à peu près dans le rapport 1 : 4 : 16.

grande avec $Na^4Fe(CN)^6$ (de 2,8 à 1,5). On pourrait penser d'abord que Na^2SO^4 ayant à même concentration deux fois plus de cations que NaCl, et $Na^4Fe(CN)^6$ quatre fois plus, la différence dans la chute des courbes pourrait tenir à la différence de concentration des cations. On lève cette objection en remarquant que Na²SO⁴ fait tomber la viscosité spécifique à 1,8 pour une concentration de $m/256$, tandis que NaCl détermine la même chute pour une concentration supérieure à $m/64$, c'est-à-dire quatre fois plus élevée. Si c'était la concentration du cation qui était en cause dans la chute des courbes, les deux concentrations devraient être plus voisines du rapport 1:2. Avec Na⁴Fe(CN)⁶, la même chute de viscosité à 1,8 est obtenue pour une concentration moindre que $m/1024$: ainsi, la diminution de viscosité spécifique que détermine NaCl $m/64$ est obtenue avec une concentration de ferrocyanure moindre que le 1/16 de la précédente, alors qu'elle devrait en être seulement le 1/4 si le cation était à mettre en cause.

Les expériences faites sur le gonflement conduisent à considérer de la même manière qu'avec la viscosité et la pression osmotique la différence dans l'action des acides et des sels.

Ce qu'on a dit de l'influence des acides sur les propriétés physiques peut être dit également de celle des alcalis. C'est ainsi que l'addition de KOH à un gélatinate de Na, de pH = 12,0, diminue la viscosité de la même manière que l'addition de KCl (fig. 45). Au contraire, l'addition d'une petite quantité de KOH à un gélatinate de Na dont le pH est compris entre 4,8 et 8,0 augmente la viscosité, tandis que l'addition de KCl la diminue dans tous les cas. L'abaissement par les sels de la viscosité des solutions de gélatinate métallique est due au cation du sel qu'on ajoute, l'action des cations bivalents étant plus grande que celle des cations monovalents; la valence de l'anion est sans effet.

Nous avons déjà indiqué que l'addition d'un sel neutre à la gélatine isoélectrique ne modifie pratiquement ni la viscosité, ni la pression osmotique de la solution (exception faite pour les sels à ion trivalent ou tétravalent). Ce fait est d'une grande importance pour la théorie des colloïdes.

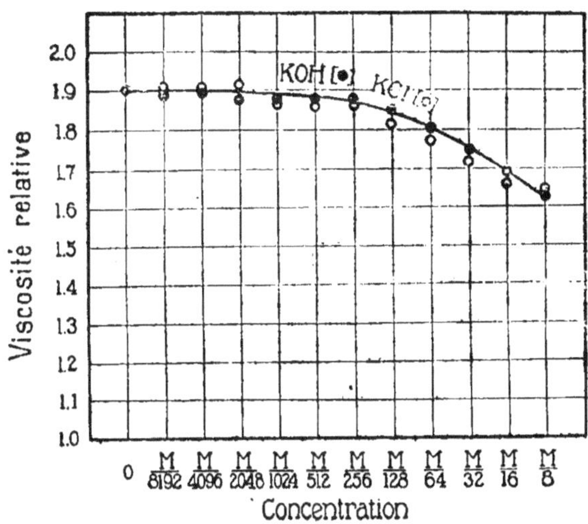

Fig. 45. — La viscosité relative d'un gélatinate de Na de pH = 12,0 est pratiquement diminuée de la même manière par KOH et par KCl.

L'abaissement par les sels neutres de la grandeur des propriétés physiques des protéines est donc le même phénomène que représente la chute des courbes relatives à ces propriétés lorsqu'on ajoute une trop grande quantité d'acide ou d'alcali. Toujours en effet l'ion dont la charge a un signe opposé à celui de l'ion de protéine, diminue la pression osmotique, le gonflement et la viscosité de cette substance.

II. — Séries d'ions et action des sels sur les protéines

De tout ce qui précède, il résulte clairement que (exception faite pour les sels à ion trivalent ou tétravalent), il n'y a en règle générale, que l'un seulement des ions d'un sel neutre qui modifie les propriétés physiques d'une protéine, celui dont la charge a un signe opposé à celle de l'ion de protéine et cette influence s'exerce toujours dans le sens d'une diminution.

Nous allons voir maintenant que cet effet ne dépend que de la valence de l'ion actif et que des ions différents de même valence ont une influence quantitativement égale. Cette affirmation est tout à fait en désaccord avec l'opinion couramment exprimée dans les ouvrages relatifs aux colloïdes, qui attribuent une importance non seulement à la valence, mais aussi à la nature de l'ion. Les ions ont été rangés en séries particulières auxquelles on donne le nom de séries d'Hofmeister, d'après l'action plus ou moins grande qu'on leur attribue sur la diminution des propriétés des colloïdes. C'est ainsi que les acétates sont réputés agir, non comme les chlorures, comme le voudrait la loi de valence, mais comme les sulfates. On a l'intention de montrer que cette affirmation et d'autres semblables, sont dues à l'erreur de méthode qui consiste à ne pas tenir compte de la concentration en ions H des solutions de protéine. Nous avons vu que la pression osmotique et la viscosité des solutions de protéines, ainsi que le gonflement de leurs gels ont un minimum au point isoélectrique et croissent d'abord à partir de ce point quand on ajoute de l'acide. Quand on ajoute à une solution de chlorure de gélatine de pH = 3,0 un sel tel que NaCl, le pH du liquide n'en n'est pas modifié ; si c'est au contraire de l'acétate de Na que l'on ajoute à la même solution de chlorure de gélatine, l'acide fort HCl qu'elle contient sera échangé contre l'acide faible acétique et le pH devra croître. Une concentration de $m/64$ d'acétate de Na suffit pour amener le pH d'une solution de chlorure de gélatine depuis 3,0 jusqu'à 4,7, c'est-à-dire au point isoélectrique de la gélatine, pour lequel la pression osmotique, la viscosité et le gonflement sont à leur minimum. Ignorant cet effet des sels sur le pH, les chimistes qui se sont occupés des colloïdes ont attribué par erreur l'effet d'un changement de pH à une action spécifique de l'anion. Nous verrons que, si l'on évite cette erreur, et si l'on compare l'action de l'acétate à celle de NaCl, à pH égal, on trouve que les deux sels diminuent les propriétés de la protéine de la même manière.

Nous verrons d'abord ce qui arrive quand on fait les expériences dans les conditions qui étaient courantes en chimie des colloïdes avant qu'on eût reconnu la nécessité de mesurer la concentration des ions H.

On prend 50 centimètres cubes d'une solution à 1,6 p. 100 de gélatine prise à l'état isoélectrique et contenant assez de HCl pour que le pH soit 3,0 ; on y ajoute 50 centimètres cubes d'eau ou d'une solution saline à diverses concentrations moléculaires, et on mesure la viscosité relative du mélange de la manière décrite au chapitre précédent.

Les courbes de la figure 46 représentent la diminution de viscosité relative de la solution de chlorure de gélatine de pH = 3,0 par addition de sels à anion monovalent à diverses concentrations. On a employé les sels monosodiques suivants : chlorure, phosphate, sulfocyanure, tartrate, citrate et enfin acétate. On a ajouté, pour qu'une

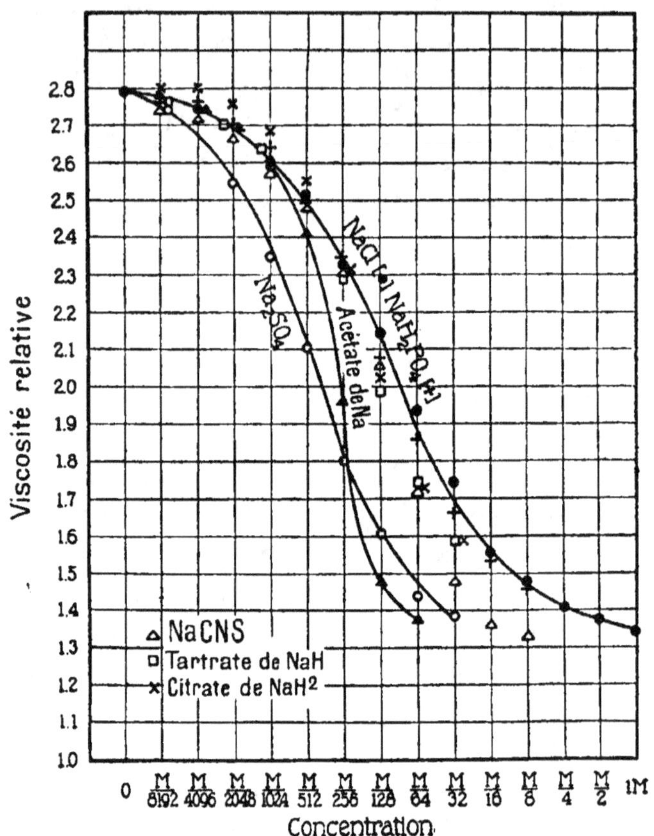

Fig. 46. — Diagramme trompeur montrant la diminution de la viscosité relative d'un chlorure de gélatine à 0,8 p. 100 dont le pH = 3,0 sous l'action de différents sels à anion monovalent (chlorure, sulfocyanure, phosphate, citrate et oxalate monosodiques) lorsqu'on ne prend pas garde à la modification du pH par les sels. L'action du chlorure et du phosphate est la même parce que ces sels n'altèrent pas le pH. La diminution due à l'acétate est plus grande que celle qui est due au chlorure, parce que l'acétate fait croître le pH d'une solution de chlorure de gélatine.

comparaison soit possible, la courbe relative à

Na^2SO^4. Les sels monosodiques des acides bibasiques ou tribasiques faibles se dissocient électrolytiquement en un ion Na et un anion monovalent (H^2PO^4, H tartrate, H^2 citrate etc.) Tous
les sels auxquels se rapporte la figure 46 sont donc
des sels à anion monovalent, sauf Na^2SO^4. Les
abscisses de cette figure sont les concentrations
moléculaires salines, et les ordonnées les viscosités relatives. Il est évident que le phosphate
monosodique abaisse la viscosité comme NaCl,
qu'il en va de même pour le sulfocyanure, le tartrate et le citrate pour des concentrations faibles,
tandis que pour des concentrations plus élevées
de ces trois sels ($m/64$ ou supérieures), l'abaissement est plus grand qu'avec NaCl. L'acétate de
Na a d'ailleurs une action tout à fait anormale ;
la diminution de viscosité est avec lui beaucoup
plus considérable qu'avec les cinq autres sels
mentionnés, et pour une concentration $m/128$ ou
supérieure, elle dépasse même celle que produit
Na^2SO^4. Il n'y a donc rien d'étonnant à ce qu'on
ait généralement pensé que différents anions de
même valence abaissent de manière différente et
spécifique la valeur des propriétés physiques des
protéines telles que la viscosité, le gonflement ou
la pression osmotique.

Si la loi de valence est juste, les acétate, tartrate, citrate et sulfocyanure monosodiques, doivent agir comme NaCl, à condition que l'addition
de sel ne modifie pas le pH. Si l'on mesure le pH
de ces solutions, on constate que, lorsque l'un de
ces sels diminue la viscosité plus que le chlorure
de sodium ou le phosphate monosodique, le pH
étant le même à l'origine, c'est-à-dire 3,0, ce pH
de la solution de chlorure de gélatine a augmenté.

Les mesures ont été faites au moyen d'indicateurs colorés, mais les résultats sont assez corrects pour le but que nous poursuivons. Il est visible que l'addition de NaCl, de Na_2SO_4 ou de NaH_2PO_4 ne modifie que peu le pH, que celle de NaCNS, de tartrate ou de citrate monosodiques accroît notablement le pH quand leur concentration est supérieure à $m/64$. La comparaison des modifications de pH qu'on trouve dans la table X avec les courbes de la figure 46, montre que là où le pH croît, c'est-à-dire où l'addition de sel rapproche les solutions du pH du point isoélectrique, l'abaissement des courbes est plus grand que pour NaCl. Le plus grand accroissement du pH des solutions de gélatine est obtenu par addition d'acétate de Na et on peut remarquer que, dans ce cas, l'augmentation du pH est très rapide. Pour une concentration d'acétate de Na de $m/64$, le pH de la solution de gélatine va de 3,0 à 4,6, c'est-à-dire qu'il arrive presque au point isoélectrique. Il est donc évident que là où le sel diminue la viscosité plus que NaCl, il se trouve qu'il a diminué la concentration des ions H. Comme l'abaissement de cette concentration diminue la viscosité, la pression osmotique et le gonflement, il en résulte que la différence d'action des sels à anion monovalent sur la viscosité des solutions de gélatine doit être attribuée à l'abaissement de la concentration des ions H et non à un effet spécifique des différents anions.

Il n'en va plus de même avec Na_2SO_4. Si ce sel, qui ne modifie pas le pH, diminue beaucoup plus que ne le ferait NaCl les grandeurs envisagées, on ne peut l'attribuer qu'à la différence de valence des deux anions Cl et SO_4.

TABLE X

Modifications du pH d'une solution à 0,8 p. 100 de chlorure de gélatine de pH $= 3,0$ par addition de sels à diverses concentrations.

	CONCENTRATIONS MOLÉCULAIRES DES SELS EMPLOYÉS											
	0	$m/8.192$	$m/4.096$	$m/2.048$	$m/1.024$	$m/512$	$m/256$	$m/128$	$m/64$	$m/32$	$m/16$	$m/8$	$m/4$
NaCl	3,0	3,0	3,0	3,0	3,0	3,0	3,0	3,0	3,0	3,0	3,0	3,0	3,0
Na^2SO^4	3,0	3,0	3,0	3,0	3,0	3,0	3,0	3,0	3,05	3,1	3,2	3,3	3,35
NaH^2PO^4	3,0	3,0	3,0	3,0	3,0	3,0	3,0	3,1	3,2	3,3	3,4	3,45	3,5
NaCNS	3,0	3,0	3,0	3,0	3,0	3,0	3,1	3,2	3,3	3,6	3,9	4,2	4,4
Tartrate de NaH	3,0	3,0	3,0	3,0	3,0	3,0	3,1	3,3	3,45	3,5	3,55		
Citrate de NaH^2	3,0	3,0	3,0	3,0	3,0	3,1	3,2	3,4	3,6	3,7	3,75		
Acétate de Na	3,0	3,0	3,0	3,05	3,1	3,3	3,7	4,3	4,6				

Nous pouvons d'ailleurs accroître la précision de notre argument en montrant que si le pH d'une solution de gélatine reste constant, la viscosité de l'acétate et du chlorure de gélatine subit le même abaissement à concentration égale des deux sels correspondants.

On a préparé des solutions à 0,8 p. 100 d'acétate de gélatine et de chlorure de gélatine dont le pH soit 3,3 ; la viscosité relative de ces deux solutions était pratiquement la même (toutes deux étant à 0,8 p. 100 de gélatine prise à l'état isoélectrique). La solution d'acétate de gélatine de pH = 3,3 fut préparée avec diverses concentrations d'acétate de Na, de pH = 3,3. La solution d'acétate de Na à ce pH avait été obtenue en faisant une solution $m/16$ d'acétate de Na dans l'acide acétique $3m/2$ et on avait obtenu d'autres concentrations d'acétate de même pH en diluant cette première solution avec une solution pure d'acide acétique de pH égal. Les molécules non dissociées d'acide acétique ne modifient pas plus les propriétés physiques de la protéine que ne le font les molécules d'un non-électrolyte. La courbe de la figure 47 montre comment l'acétate de Na diminue la viscosité de l'acétate de gélatine à pH constant égal à 3,3.

Une solution de chlorure de gélatine de pH = 3,3 était amenée à des concentrations diverses de NaCl et on a également représenté dans la même figure l'abaissement de viscosité du chlorure de gélatine par NaCl. On voit immédiatement sur la figure que le chlorure et l'acétate de Na ont une action identique lorsque le pH est maintenu constant.

Cette conclusion a été confirmée en opérant d'une manière quelque peu dfférente. On a fait une solution à 1,6 p. 100 de chlorure de gélatine de pH = 3,0 avec des concentrations diverses d'acétate de Na de même pH 3,0. Pour préparer ces solutions d'acétate de Na, on faisait une solution d'acétate de Na $m/4$ dans HCl $m/4$ et les diverses dilutions nécessaires pour l'expérience étaient obtenues en diluant ce mélange avec HCl $m/1000$.

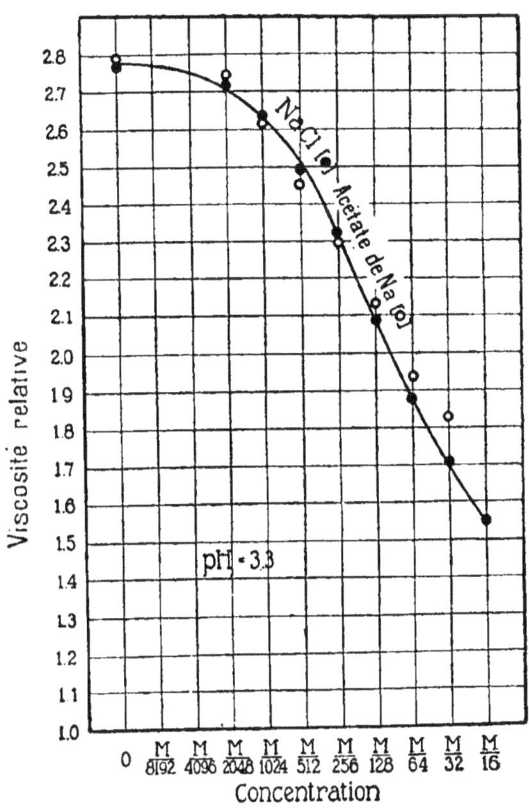

Fig. 47. — Lorsque le pH ne change pas, la diminution de viscosité relative d'une solution de chlorure ou d'acétate de gélatine, de pH = 3,3 sous l'influence de concentrations égales d'acétate ou de chlorure de Na est la même.

On diluait la solution de chlorure de gélatine à 1,6 p. 100 de pH = 3,0 avec 50 centimètres cubes du mélange précédent, de façon que la solution de chlorure de gélatine à 0,8 p. 100 de pH 3,0 qui en résultait contînt des concentrations différentes d'acétate de Na (ou plus correctement d'acétate et de chlorure de Na). La courbe représentant les diminutions de viscosité obtenues se trouve dans la figure 48 et l'on voit qu'elle est identique à celle qui représente la diminution de

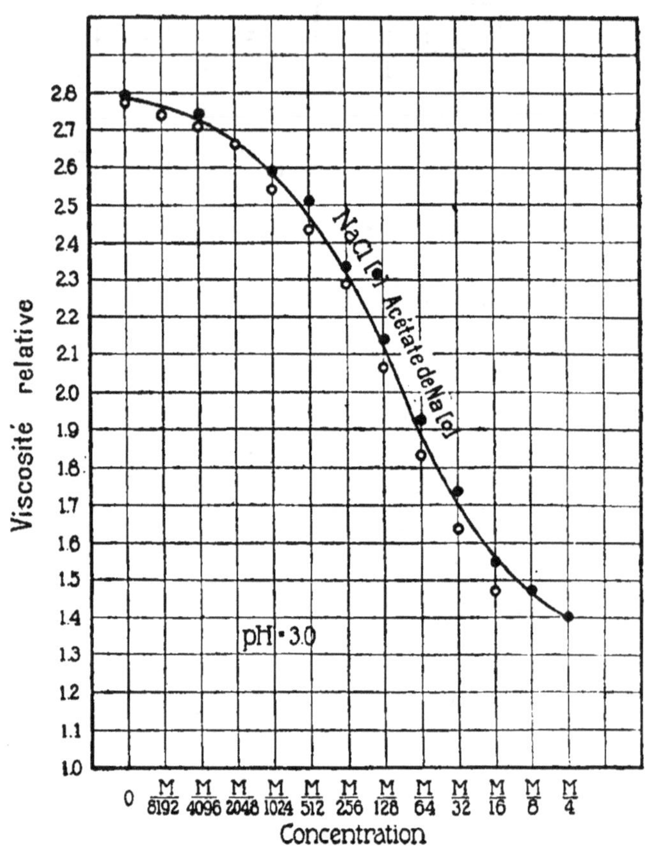

Fig. 48. — Voir la légende de la figure 47, mais ici le pH de la solution de gélatine est 3,0.

viscosité par addition de NaCl au chlorure de gélatine de pH = 3,0.

Nous pouvons donc dire que l'acétate de sodium a, sur la viscosité du chlorure de gélatine, la même action que n'importe quel autre sel à anion monovalent et que l'influence anormale attribuée à l'anion acétique dans les ouvrages relatifs aux colloïdes est due en réalité à une diminution de la concentration des ions H de la solution de gélatine par l'acétate de sodium qui est un sel stabilisant du pH. En omettant de prendre garde au caractère stabilisant de sels tels que les acétates, les citrates et les tartrates, on a été conduit

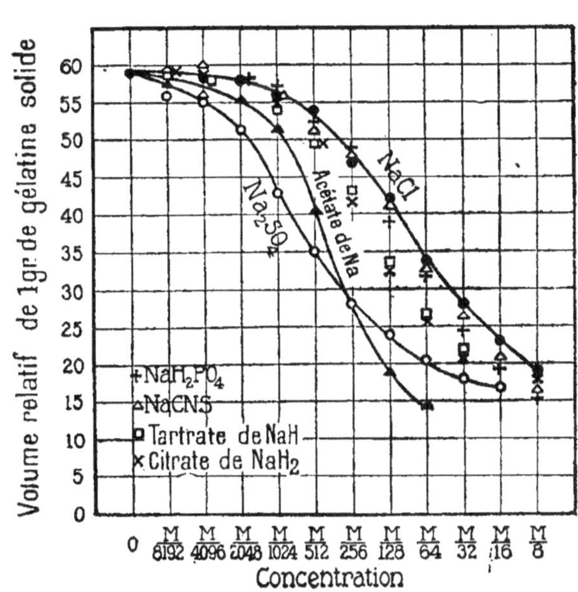

Fig. 49. — Diagramme trompeur montrant que le gonflement d'un chlorure de gélatine de pH = 3,3 subit, sous l'influence des sels à anion monovalent, les mêmes variations par diminution que la viscosité relative quand on ne prend pas garde à la variation du pH sous l'influence de ces sels. En réalité, tous les sels à anion monovalent se comportent de la même manière que le chlorure de gélatine ; les exceptions apparentes à cette loi résultent d'une variation du pH de la solution de gélatine sous l'influence des sels.

à l'erreur des séries d'ions d'Hofmeister. Ainsi nous trouvons confirmée notre loi de valence d'après laquelle tous les sels dont l'anion a même valence diminuent de même manière la viscosité d'une solution de chlorure de gélatine, lorsque le pH de la solution reste constant. Ce qu'on a démontré pour l'effet de ces sels sur la viscosité des solutions de gélatine est également vrai en ce qui concerne leur action sur le gonflement de cette substance. Pour mesurer le gonflement, on a employé la même méthode volumétrique que l'on a décrite au chapitre précédent. La figure 49 montre la diminution relative du gonflement d'un chlorure de gélatine de pH $= 3,3$ sous l'influence de NaCl, du NaH_2PO_4, du NaCNS, des tartrate et citrate monosodiques ainsi que de l'acétate de sodium (on a ajouté pour permettre une comparaison la courbe relative à Na_2SO_4). La table XI fait connaître les variations du pH de la gélatine qui résultent de l'addition des mêmes sels. La théorie que nous avons présentée exige que tous ces sels (à l'exception de Na_2SO_4) diminuent de la même manière le gonflement d'un chlorure de gélatine de pH $= 3,3$, et que les écarts à cette règle trouvent leur explication dans des variations de pH dues à l'addition du sel. La table XI montre que ces variations sont petites pour NaCl, NaCNS et NaH_2PO_4, et par suite les courbes qui figurent la diminution de gonflement due à ces trois sels sont presque identiques, comme le veut la loi de valence. Comme les citrate et tartrate monosodiques diminuent davantage la concentration des ions H, et comme cette diminution est encore beaucoup plus accentuée avec l'acétate de Na, on voit pourquoi les courbes relatives à ces trois sels paraissent s'écarter de la forme imposée par la loi de valence.

A.-D. Hirschfelder [1], dans un mémoire relatif

---

1. Hirschfelder (A.-D.), *J. Am. Med. Ass.*, t. LXVII, p. 1891, 1916.

TABLE XI

Modifications du pH d'une solution à 0,8 p. 100 de chlorure de gélatine de pH 3.3 par addition de sels à diverses concentrations.

| | CONCENTRATIONS MOLÉCULAIRES DES SELS EMPLOYÉS | | | | | | | | | | |
	0	$m/8.192$	$m/4.096$	$m/2.048$	$m/1.024$	$m/512$	$m/256$	$m/128$	$m/64$	$m/32$	$m/16$	$m/8$
NaCl	3,3	3,3	3,3	3,3	3,3	3,3	3,3	3,3	3,3	3,3	3,3	3,3
Na^2SO^4	3,3	3,3	3,3	3,3	3,3	3,3	3,3	3,3	3,35	3,4	3,5	3,6
NaH^2PO^4	3,3	3,3	3,3	3,3	3,3	3,3	3,3	3,3	3,4	3,5	3,6	3,7
NaCNS	3,3	3,3	3,3	3,3	3,3	3,3	3,3	3,3	3,3	3,3	3,35	3,4
Tartrate de NaH. . . .	3,3	3,3	3,3	3,3	3,3	3,4	3,5	3,5	3,6	3,7	3,7	3,7
Citrate de NaH^2 . . .	3,3	3,3	3,3	3,3	3,3	3,4	3,5	3,6	3,8	3,85	3,9	3,9
Acétate de Na.	3,3	3,3	3,3	3,4	3,45	3,5	3,8	4,3	4,8	5,2	5,4	5,5

à l'action de différents sels sur le gonflement de la fibrine dans l'acide chlorhydrique, a montré que les citrates, les acétates et les phosphates ont sur ce gonflement la même action que les chlorures, les bromures et les nitrates, si l'on maintient constante la concentration des ions H. Seuls les sulfates la diminuent davantage. Ainsi l'influence des sels sur le gonflement de la fibrine est identique à celle qu'ils exercent sur celui de la gélatine.

La pression osmotique, la viscosité et le gon-

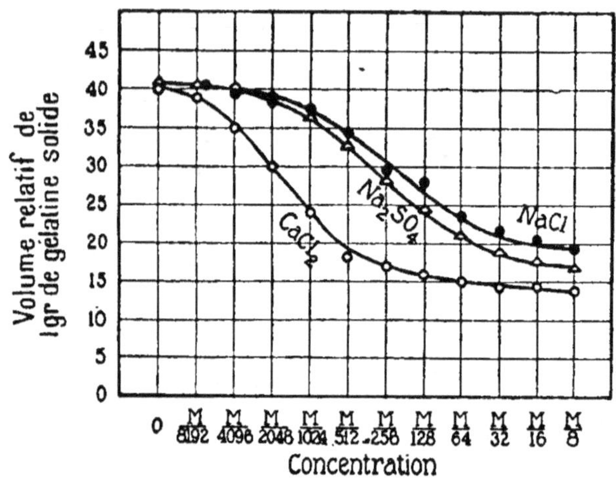

Fig. 50. — Diminution du gonflement d'un gélatinate de Na de pH = 9,3 environ, sous l'influence des sels neutres. Cette diminution est due aux cations seuls. La diminution est, à concentration moléculaire égale, moitié aussi grande pour NaCl que pour Na²SO⁴, tandis que celle qui est due à CaCl², est beaucoup plus considérable en raison de ce que Ca est bivalent.

flement du gélatinate de Na doivent diminuer sous l'influence du cation d'un sel, et d'autant plus que la valence de ce cation est plus élevée. La figure 50 permet de constater qu'il en est ainsi en ce qui concerne le gonflement d'un gélatinate de Na de pH voisin de 9,3. La concentration moléculaire ayant sur la diminution du gonflement la même action, est pour Na²SO⁴ la moitié environ de ce qu'elle est pour NaCl (pour des concentrations moléculaires comprises entre $m/256$ et $m/32$), tandis qu'elle est huit fois plus élevée pour NaCl que pour CaCl², ce qui montre en gros que c'est le cation qui détermine cette diminution. Le pH de la gélatine était pratiquement le même dans tous les liquides.

Tous ces faits confirment la règle de valence d'après laquelle les ions de même valence et de même signe de charge déterminent, à concentration égale, à peu près la même diminution de la pression osmotique, du gonflement et de la viscosité des protéines, diminution qui s'accroît rapidement avec leur valence. La série d'ions d'Hofmeister est due avant tout à ce qu'on a omis de mesurer la variation de concentration des ions H des solutions de gélatine sous l'influence des sels. De cette omission est née l'affirmation que des sels, tels que l'acétate de sodium, diminuent la grandeur des propriétés physiques des protéines de la même manière que les sulfates.

La preuve que des ions ayant des charges de même signe et une même valence, modifient de la même manière les propriétés physiques des protéines, pourvu que la concentration en ions H du liquide ne soit pas modifiée, est d'importance capitale en ce qui concerne la théorie des propriétés colloïdales. Les auteurs qui, dans le passé, ont soutenu que les protéines se combinent aux électrolytes, non pas suivant les règles chimiques ordinaires, mais par adsorption, ont visé deux ordres de faits. D'abord le manque apparent de relations chimiques normales, et ensuite les prétendues différences dans l'action des différents anions (ou cations) de même valence (voir par exemple les séries d'Hofmeister). Cette prétendue différence a été considérée comme une preuve du phéno-

mène d'adsorption. Les courbes de titrage figurées
au chapitre IV font disparaître l'absence de
preuves du caractère chimique normal des combinaisons des protéines avec les autres corps. Les
expériences sur l'identité de l'action de différents
sels à anion monovalent, en particulier l'acétate
et le chlorure de Na, à pH égal, font disparaître
les séries d'Hofmeister.

Nous verrons dans le livre sur la théorie des
propriétés colloïdales que la croyance à la réalité
des séries d'Hofmeister rendait impossible d'arriver à une explication mathématique et quantitative des propriétés colloïdales des protéines.
Cette difficulté une fois écartée par la substitu-
tion de la règle de valence à la croyance à des
actions spécifiques d'ions, le chemin s'est trouvé
préparé pour aboutir à une telle théorie.

Les auteurs antérieurs ont déjà observé que
seuls les électrolytes diminuent la grandeur des
propriétés physiques des solutions de protéines,
telles que la pression osmotique, la viscosité, etc.,
les substances non-électrolytes, comme le saccharose, n'ayant aucun effet semblable. Il paraissait
toutefois désirable de répéter ces anciennes expériences, parce que le pH des liquides n'y avait
pas été pris en considération et que le fait était
de grande importance. On a trouvé que les non-
électrolytes comme le saccharose, ne diminuent
ni la pression osmotique, ni la viscosité des solutions de gélatine. On a pour cela chauffé rapidement à 45° et rapidement refroidi à 24° des solutions d'un chlorure de gélatine de pH = 3,4 contenant dans 100 centimètres cubes 1 gramme de
gélatine prise à l'état isoélectrique et dans lesquelles on avait introduit du saccharose à diverses

concentrations. On a mesuré aussitôt après refroidissement le temps d'écoulement des solutions dans un viscosimètre et on a déterminé le temps d'écoulement à même température de solutions ne contenant que du saccharose. Le rapport des temps d'écoulement des solutions de gélatine sucrée à celui des solutions de sucre seul à même concentration a été calculé. Ce sont ces rapports que donne la table XII et l'on y voit qu'ils sont indépendants de la concentration du sucre. S'il y a quelque différence, elle semblerait être dans le sens d'un léger accroissement pour des concentrations de sucre supérieures à $m/8$.

On a obtenu pour la pression osmotique des résultats semblables à ceux de la table XII.

C'est là une des conditions préalables de la va-

TABLE XII

Influence de l'addition de saccharose sur la viscosité et sur la pression osmotique de solutions à 1 p. 100 de chlorure de gélatine de pH égal à 3,4.

	CONCENTRATIONS EN SACCHAROSE										
	0	$m/1.024$	$m/512$	$m/256$	$m/128$	$m/64$	$m/32$	$m/16$	$m/8$	$m/4$	$m/2$
Rapport de viscosité	2,33	2,31	2,33	2,35	2,30	2,31	2,31	2,30	2,39	2,44	2,57
Pression osmotique après 21 heures à 24 degrés en millimètres d'eau	434	390	380	405	408	400	407	432	397	401	395

lidité de la théorie des équilibres de membrane, puisque seuls les ions contribuent aux conditions d'équilibre des deux côtés opposés de la membrane. Comme seconde condition préalable, l'addition de sel ne doit avoir aucune influence sur la viscosité, la pression osmotique ou la différence de potentiel des solutions de protéines à leur point isoélectrique. Cette condition préalable de la théorie de Donnan est également satisfaite, comme on l'a vu antérieurement.

III. — Appendice

Dans son livre sur la « Chimie colloïdale appliquée », Bancroft fait, sur les expériences de l'auteur relatives aux séries d'Hofmeister, les réflexions suivantes :

« Dans les conditions de ses expériences, Loeb a trouvé que du côté acide du point isoélectrique, seuls les anions des sels neutres entrent en combinaison ; et que, du côté alcalin de ce point, seuls les cations sont liés. De ce que la série d'Hofmeister suppose l'action des deux ions d'un sel neutre sur le gonflement de la gélatine, Loeb conclut que la série d'Hofmeister est une illusion dangereuse. Une telle conclusion n'est pas du tout valable. Loeb travaille à des dilutions si extrêmes que l'action spécifique de tous les ions, à l'exception des ions H et OH, est pratiquement négligeable. En solution acide, seuls les anions se combinent ; et en solution alcaline, seuls les cations. Loeb reconnaît que l'action spécifique des ions d'iode est supérieure à celle des ions chlore pour déterminer la liquéfaction de la gélatine, mais il considère que cette liquéfaction de la géla-

tine n'est pas en relation nécessaire avec le gonflement, opinion qui trouvera peu de partisans.
Avec des concentrations de sels plus élevées, Loeb
serait arrivé sans aucun doute à des résultats
entièrement différents [1]. »

La réponse que l'on fera à ces réflexions est
que, lorsque Bancroft a écrit cela, il n'avait pas
lu les derniers mémoires de l'auteur. Si l'on regarde les figures 30, 41, 42, 43, 44, 46 et 48,
on verra que l'on a employé des solutions salines
de concentrations supérieures à la concentration
moléculaire normale sans avoir rencontré d'in-
dications en faveur de la validité de la série d'Hofmeister. Bancroft ne soutiendrait sûrement pas
que des solutions de sels neutres à concentration
plus que moléculaire normale sont si fortement
diluées que les effets de tous les ions à l'exception des ions H et OH, y soient pratiquement
négligeables.

L'affirmation de l'auteur que la liquéfaction
de la gélatine solide n'a aucune relation nécessaire avec le gonflement est certainement juste,
puisque des concentrations élevées d'acide diminuent le gonflement de la gélatine et accroissent
sa solubilité. La raison en est que le gonflement
et la dissolution de la gélatine solide en présence
d'acide, sont fonctions de variables différentes, le
gonflement de la gélatine dans les acides dépen-
dant d'un équilibre de Donnan, tandis que sa dissolution dépend des mêmes forces qui déterminent
la dissolution dans l'eau des cristalloïdes ordinaires
(probablement des forces de valence secondaire).

---

1. Bancroft (V.-D.), « Applied Colloid Chemistry », New-York
et Londres, pp. 255-256, 1921.

La croyance à la validité des séries d'Hofmeister a donné naissance à une foule de spéculations relatives à la nature des processus physiologiques et pathologiques. Ces spéculations
n'étaient malheureusement que rarement soute-
nues par des expériences convenables, et, quand
des expériences ont été faites, la concentration des
ions H y était ignorée, de sorte que la base de
ces théories reste toujours incertaine lorsqu'elle
n'est pas franchement mauvaise. C'est ainsi qu'on
a suggéré que la contraction musculaire est
due au gonflement déterminé par une formation
d'acide. Que cette hypothèse se trouve être jus-
tifiée ou non, la production d'acide dans le muscle
ne peut déterminer un gonflement que si le pH
intérieur du muscle est au point isoélectrique de
la protéine à laquelle on attribue le gonflement
ou quelque peu inférieur (mais pas trop) à ce
point. Ce n'est que dans ce cas qu'une production d'acide dans le muscle peut déterminer un
gonflement. Si le pH des protéines du muscle au
repos se trouve être du côté alcalin de leur point
isoélectrique, la production d'acide dans le muscle
ne peut que diminuer le gonflement déjà existant
à l'état de repos. Il est évident qu'il est nécessaire
de connaître les points isoélectriques des protéines
du muscle et les pH respectifs du muscle au repos
et en activité avant de pouvoir utilement entamer
la discussion de l'hypothèse proposée.

On a affirmé que la digestion d'une protéine
par la pepsine est précédée du gonflement de cette
protéine et que les effets de l'acide sur le gonflement et sur la digestion par la pepsine marchent
parallèlement. Cette affirmation est encore une
conséquence de ce qu'on n'a pas mesuré le pH

des solutions de protéines. Northrop[1] a montré que la vitesse de digestion de la gélatine par la pepsine est la même, à pH égal, en présence d'acide chlorhydrique ou d'acide sulfurique, bien que le gonflement soit pour un $pH = 3,0$ à peu près double avec le premier acide.

Les erreurs qu'ont commises les chimistes qui se sont occupés des colloïdes en omettant de mesurer les concentrations d'ions H, étaient assez fâcheuses. Elles ont été rendues pires par suite d'une autre erreur qui s'est ajoutée à la première et qui tient à ce que le rôle joué par la membrane cellulaire dans les phénomènes de la vie n'a pas été reconnu. Un grand nombre d'auteurs ne croient pas à l'existence de cette membrane, et, par suite, ils ont attribué au phénomène de gonflement ce qui est dû à une perméabilité sélective des membranes. C'est ainsi qu'on a prétendu que l'absorption d'eau par le muscle strié (et par d'autres cellules) dans des solutions hypotoniques est due au gonflement colloïdal qui résulterait de la formation d'acide dans les cellules, mais on a pu montrer que si la solution est rendue isotonique par addition de sucre, le muscle vivant n'absorbe plus d'eau[2]. Ceci indique que l'absorption de l'eau par les muscles vivants (et par d'autres cellules vivantes) en solution hypotonique, est due à ce que les tissus ou les cellules sont entourés de membranes semi-perméables, et que l'absorption d'eau par les muscles striés vivants ou par les cellules vivantes en solution hypotonique n'a aucun

1. Northrop (J.-H.). *J. Gen. Physiol.*, t. V, novembre 1922-23.

2. Höber (R.), « Physikalische Chemie der Zelle und der Gewebe », p. 386, Leipzig et Berlin, 1914; Loeb (J.), *Science*, t. XXXVII, p. 427, 1913.

rapport avec le gonflement colloïdal puisque ce gonflement ne serait pas diminué par l'action du sucre.

On a affirmé que l'œdème est dû au gonflement des protéines dans les cellules sous l'influence d'une formation d'acide. Non seulement aucune des mesures de concentrations d'ions H qui pourraient appuyer une telle hypothèse n'a été faite, mais toutes les expériences critiques et toutes les observations cliniques critiques indiquent que l'œdème est un phénomène qui dépend d'un accroissement de la filtration de liquide des capillaires dans les espaces intertissulaires ou intercellulaires. Il n'y a aucun fait qui indique que l'œdème soit en relation avec un gonflement de colloïdes à l'intérieur des cellules[1].

On pourrait continuer presque indéfiniment l'énumération des erreurs dues à ce que certains auteurs préfèrent, en ce qui concerne les colloïdes, des conjectures spéculatives à des mesures exactes, surtout quand ces mesures requièrent l'emploi des électrodes à hydrogène.

1. Voir Hirschfelder (A.-D.), *Trans. Section Pharmacol. and Therapeutic, Am. Med. Assoc.*, p. 182, 1917 et Moore (A.-R.), *Am. J. Physiol.*, t. XXXVII, p. 220, 1915.

CHAPITRE IX

INEXACTITUDE DES THÉORIES ACTUELLES
DES PROPRIÉTÉS COLLOIDALES

Quand s'ouvrit l'ère des spéculations relatives aux colloïdes, on eut l'espoir de voir naître une chimie nouvelle dont les lois seraient différentes des lois des combinaisons qui régissent les cristalloïdes. Nous avons constaté que cela ne s'est point vérifié en ce qui concerne les protéines qui se combinent normalement avec les acides et les alcalis, selon les lois de la chimie classique.

On a montré d'ailleurs que des protéines vraies, comme l'ovalbumine cristallisée ou la gélatine, ne sont pas maintenues en solution par des couches électriques doubles (attribuées à une adsorption élective des ions), mais, à ce qu'il semble, par les mêmes forces qui déterminent la dissolution des cristalloïdes. Ces deux résultats semblent naturels si l'on considère que les protéines sont des acides aminés réunis par des liaisons de peptides.

Si les protéines se conduisent comme des cristalloïdes en ce qui concerne leurs réactions chimiques et souvent même aussi leur solubilité, on peut se demander en quoi elles peuvent se comporter autrement que des cristalloïdes. A cela, on répondra que les électrolytes modifient certaines propriétés des solutions et des gels de protéines d'une manière en apparence spécifique, au moins d'après ce que nous savons actuellement. Les propriétés des protéines qui sont modifiées de cette manière particulière, sont comme nous l'avons vu, la pression osmotique et la viscosité de leurs solutions et le gonflement de leurs gels.

C'est un fait très frappant que ces trois propriétés sont modifiées par les électrolytes d'une manière semblable qui peut être ainsi résumée :

1º L'addition d'un peu d'acide (ou d'alcali) à une protéine isoélectrique (ovalbumine cristallisée, gélatine ou caséine) fait croître d'abord, puis diminuer quand on augmente davantage la quantité d'acide (ou d'alcali) la pression osmotique, la viscosité et (comme nous le verrons dans le volume sur les propriétés colloïdales), les potentiels de membrane des solutions de ces protéines, ainsi que le gonflement de la gélatine.

2º Cette action des acides et des alcalis ne dépend que de la valence de l'anion des acides ou du cation des alcalis. Les ions de même signe et de même valence tels que Cl, NO^3, CH^3COO, H^2PO^4, HC^2O^4, etc., modifient de la même manière les propriétés des protéines qu'on vient de mentionner, pourvu que la comparaison se fasse à pH égal et à concentration égale en protéine comptée à l'état isoélectrique, et aussi à condition que les ions n'exercent pas d'action secondaire.

3º Lorsque l'anion de l'acide ou le cation de l'alcali est bivalent (par exemple SO^4, Ca, Ba), la pression osmotique, la viscosité et le gonflement des protéines sont beaucoup moindres que lorsque l'ion est monovalent (par exemple Cl, Br, NO^3, H^2PO^4, HC^2O^4; Na, K, etc.).

4° L'addition d'un sel neutre à une solution de protéine (qui n'est pas au point isoélectrique) diminue la pression osmotique, la viscosité (et la différence de potentiel de membrane) des solutions ainsi que le degré de gonflement des gels, et cette action croît avec la valence de l'ion du sel dont la charge est de signe opposé à celle de l'ion de la protéine.

Les ouvrages relatifs aux colloïdes n'offrent de ces faits aucune explication quantitative. Zsigmondy a fait un essai pour expliquer quantitativement comment les sels neutres diminuent la pression osmotique d'une solution de gélatine. Il a admis que l'addition de sel en accroît le degré d'agrégation, et par suite diminue le nombre de particules en solution, ce qui amène un abaissement de la pression osmotique[1]. Il est incontestable que les sels précipitent les protéines, et que cette précipitation est due à une plus forte agrégation ; mais la précipitation de la gélatine par les sels dans ses solutions aqueuses ne dépend pas de l'ion salin dont la charge a un signe opposé à celui de l'ion de la protéine, tandis que nous avons vu que c'est cet ion qui détermine la diminution de la pression osmotique des solutions de gélatine par le sel. En d'autres termes, la précipitation de la gélatine par les sels dans ses solutions aqueuses est un phénomène d'un caractère entièrement différent de l'abaissement de la pression osmotique d'une solution de protéine par un sel neutre. Il est donc impossible d'ex-

---

1. Zsigmondy (R.), « Kolloidchemie », 2ᵉ éd., p. 342, Leipzig, 1918,

pliquer le second phénomène par le premier.

D'ailleurs, si l'on essaie d'expliquer l'abaissement de pression par addition de sel en partant de la théorie micellaire, on échoue complètement quand on s'occupe des autres propriétés des solutions de protéines qui sont diminuées par cette addition tout autant que la pression osmotique, par exemple la viscosité et la différence de potentiel.

Nous verrons, dans la « Théorie des propriétés colloïdales », que si l'état d'agrégation croît dans une solution de gélatine (c'est-à-dire, si les molécules ou les ions isolés de la protéine s'unissent pour former des agrégats plus gros) la viscosité de la solution s'accroît pour cette raison que les agrégats formés retiennent des quantités d'eau relativement grandes, ce qui augmente le volume relatif occupé par la gélatine dans la solution. Cet accroissement du volume des micelles aux dépens de l'eau produit en effet, nous le verrons, un accroissement de viscosité. Par suite, si nous admettons que l'addition d'un sel fait croître le degré d'agrégation dans une solution de protéine, il devrait s'en suivre qu'il y ait aussi accroissement de viscosité, et c'est en fait le résultat contraire que produit l'addition de sels. La tentative faite pour expliquer l'abaissement, sous l'influence des sels, de la pression osmotique et de la viscosité des solutions des protéines en partant de la théorie de l'agrégation, conduit donc à des conclusions qui sont en contradiction avec les faits observés.

Pauli a essayé d'expliquer l'augmentation de la viscosité des solutions d'albumine par addition d'un peu d'acide ou d'alcali, et la diminution qui s'observe par addition d'une plus grande quantité des mêmes substances. Il admet que d'abord l'acide forme un sel de protéine (ce qui est exact), et que l'ionisation de ce sel accroît l'hydratation de l'ion de protéine (ce qui n'est pas exact). Il explique l'abaissement de viscosité par addition d'une plus grande quantité d'acide en admettant que le degré d'ionisation du sel de protéine se trouve diminué par une plus forte addition d'acide ou par l'addition de sel. Ces spéculations ont au moins sur celles qui invoquent la dispersion, l'avantage de pouvoir être soumises à une épreuve quantitative. Quand on fait cette épreuve, on s'aperçoit qu'elle échoue.

Voulant expliquer de quelle manière l'ionisation des protéines peut accroître la viscosité de leur solution, Pauli admet que chaque ion de protéine s'entoure d'une gaîne d'eau considérable qu'il suppose manquer aux molécules de protéine non ionisées [1].

Kohlrausch a essayé de rendre compte des différences de mobilité des différentes espèces d'ions en admettant que chacun d'eux est ainsi entouré d'une gaîne d'eau et que la mobilité des ions est d'autant plus grande qu'elle est moins épaisse. Cette gaîne d'eau peut empêcher la coalescence des ions des protéines, et par suite, déterminer un degré de dispersion plus élevé. En partant de la théorie de l'hydratation, nous pouvons trouver une explication qualitative des différentes courbes particulières de pH de la manière suivante : au point isoélectrique, la protéine

---

1. Pauli (W.), *Fortschr. naturwiss. Forschung*, t. IV, p. 223, 1912, « Kolloidchemie der Eiweisskörper », Dresde et Leipzig, 1920.

n'est pas ionisée et ne subit aucune hydratation. Par suite, le degré de dispersion des particules et la pression osmotique sont à leur minimum ; la viscosité et le gonflement doivent aussi être au minimum, puisque le gonflement peut être immédiatement attribué à l'existence d'une gaine d'eau, et que la viscosité doit croître également avec la masse d'eau qui entoure chaque particule. Si l'on ajoute à la gélatine isoélectrique un acide tel que HCl, la gélatine va se transformer en un chlorure qui, comme tout sel, subira une forte dissociation ; plus nous ajouterons d'acide, et plus grande sera la quantité de gélatine transformée en chlorure. Nous avons vu au chapitre VII que les courbes de pression osmotique, de gonflement, et de viscosité atteignent leur maximum pour un pH qui varie entre 3,5 et 2,8, et retombent ensuite. Pauli admet que cette chute doit être attribuée à une rétrogradation de la dissociation électrolytique du chlorure de gélatine (ou de tout autre sel acide de protéine), par l'addition d'une trop grande quantité d'acide qui apporte dans le liquide l'anion commun. On pourrait d'ailleurs remarquer que Pauli[1], et Manabe et Matula[2], mettent le maximum des courbes, non pas entre les valeurs de pH 3,5 et 2,8, mais vers 2,1 ou 2,0.

La table XIII montre que le pH des valeurs maxima des propriétés physiques des solutions de gélatine, d'ovalbumine cristallisée et de caséine est beaucoup plus haut que 2,1. Lorsque le pH atteint cette valeur, la pression osmotique des

1. Pauli (W.), « Kolloidchemie der Eiweisskörper, Dresde et Leipzig, 1920.

2. Manabe (K.), et Matula (J.), *Biochem, Z.*, t. LIII, p. 369, 1913.

solutions de chlorure de gélatine et d'albumine est à mi-chemin entre le maximum (pH = 3,4) et la valeur minima (celle du point isoélectrique pH = 4,7). L'hypothèse que le maximum est voisin de 2,1 n'est donc pas d'accord avec les observations faites sur l'allure des propriétés physiques des trois protéines dont il est question dans la table XIII. Elle pourrait être vraie en ce qui concerne la viscosité des solutions de sérumalbumine sur lesquelles Pauli a travaillé le plus souvent, mais Michaelis et Mostynski[1] ont remarqué que, dans le cas de la sérumalbumine, il n'y a pas de maximum de viscosité. Il n'y a non plus aucun maximum de viscosité suivi de chute avec l'ovalbumine lorsque le pH varie.

TABLE XIII

SOLUTION A I P. 100 de chlorure de protéine.	pH CORRESPONDANT AU MAXIMUM OBSERVÉ DE		
	pression osmotique.	gonflement.	viscosité.
Gélatine	3,4	3,2	2,9
Ovalbumine cristallisée . .	3,4	. . .	. . .
Caséine.	3,0	. . .	3,0

L'hypothèse de l'hydratation peut être soumise à une épreuve directe. On détermine dans ce but la conductivité spécifique des solutions des sels de protéines, tels que le chlorure de gélatine ou

1. Michaelis (L.), et Mostynski (B.), *Biochem. Z.*, t. XXV, p. 401, 1910.

d'ovalbumine, etc. ; puisque, d'après l'hypothèse de l'hydratation, seuls subissent cette hydratation les ions de protéine, la variation de pression osmotique, de gonflement et de viscosité doit être accompagnée d'une variation correspondante de concentration des ions de protéine en solution. Si donc on mesure la conductivité spécifique du chlorure de gélatine à différents pH, en conservant toujours la même concentration de gélatine comptée à l'état isoélectrique, les courbes qui représentent les valeurs de la conductivité de la protéine, doivent suivre une marche parallèle à celle des courbes de pression osmotique, de gonflement et de viscosité. D'autre part, la courbe de conductivité de sulfate de gélatine doit avoir des ordonnées environ moitié de celles de la courbe qui correspond au chlorure. La courbe de conductivité spécifique de l'oxalate de gélatine doit être au contraire presque aussi élevée que la courbe du chlorure, un peu moindre toutefois. Les expériences montrent qu'il n'en est pas ainsi.

On peut déterminer au moyen de mesures de conductivité quelle est la concentration de la gélatine ionisée dans la solution d'un sel de gélatine, tel que le chlorure, en déduisant de la conductivité totale observée, celle de l'acide chlorhydrique libre dans la solution : la solution de chlorure de gélatine préparée par la méthode de l'auteur avec de la gélatine isoélectrique lavée en poudre, ne contient en effet pratiquement aucun autre électrolyte que l'acide chlorhydrique libre et le chlorure de gélatine. C'est ce que montre la recherche des cendres et aussi le fait qu'une solution de gélatine isoélectrique prépa-

rée par cette méthode de lavage a pratiquement
une conductivité nulle. On opère de la manière
suivante : on prépare des solutions de différents
sels acides de gélatine avec deux concentrations
différentes de gélatine comptée à l'état isoélectrique : 0,8 p. 100 et 2,4 p. 100. On détermine
pour différents pH la conductivité spécifique de
ces sels acides de gélatine, ainsi que celle de

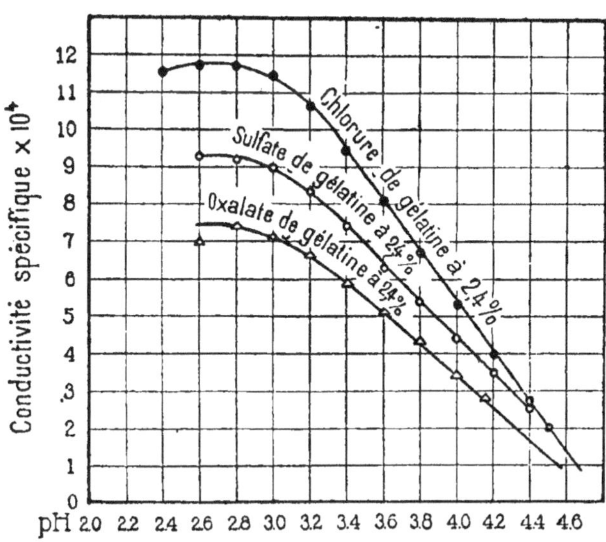

Fig. 51. — Courbe de conductivité spécifique des solutions à
2,4 p. 100 de chlorure, de sulfate et d'oxalate de gélatine, montrant que ces courbes ont un caractère entièrement différent de
celui des courbes de pression osmotique des fig. 26 et 27.

solutions pures dans l'eau des mêmes acides,
également pour différents pH. Dans les deux
cas, on porte sur une courbe les conductivités
comme ordonnées avec les pH comme abscisses.
En déduisant les valeurs de la conductivité spécifique des solutions d'acide des valeurs correspondantes à même pH pour la solution des sels
acides de gélatine, on obtient une nouvelle

courbe qui est celle de la conductivité spécifique du sel acide de gélatine en fonction du pH [1].

La figure 51 montre que les courbes qui représentent le pourcentage de gélatine ionisée dans le chlorure de gélatine, ressemblent aux courbes de combinaison de la figure 8. Dans les deux cas, en effet, il y a croissance continue de la concentration de protéine ionisée lorsque le pH descend au-dessous de celui du point isoélectrique, et non un maximum suivi de chute pour des valeurs de pH = 3,4 ou 3,0. Tant au moins que le pH ne descend pas au-dessous de 2,0, ces courbes de conductivité ne s'abaissent pas. C'est ce qui résulte à la fois des observations de l'auteur et de celles de Northrop. Il est donc impossible d'attribuer la chute des courbes de pression osmotique, qui commence dès que le pH tombe au-dessous de 3,4, à une rétrogradation de l'ionisation du sel de protéine.

C'est ce que montre encore plus nettement la figure 52. La courbe inférieure représente la pression osmotique d'une solution à 1 p. 100 de chlorure d'albumine avec un maximum pour pH = 3,4. L'autre courbe est une courbe de conductivité pour une solution à 3 p. 100 de chlorure d'albumine également rapportée aux valeurs de pH de la solution prises comme abscisses. Il est bien évident que cette courbe n'a pas de maximum à 3,4 ou à 3,0, mais continue encore à croître au pH 2,6 ; elle ne s'abaisse aucunement tant que le pH ne tombe pas à 2,0 ou même au-dessous. Il est donc évident que la chute caractéristique des courbes de pression osmotique, de

1. Loeb (J.), *J. Gen. Physiol.*, t. III, p. 247, 1920-21.

viscosité ou de gonflement, qui commence pour
pH = 3,4 ou 3,0 ne peut s'expliquer en admettant qu'en milieu acide de pH inférieur à 3,4 ou
3,0 il y ait une rapide diminution de la conductivité spécifique.

Il n'est pas davantage possible d'expliquer le
rôle de la valence au moyen de la théorie de
Pauli. Nous avons vu que les courbes de pression

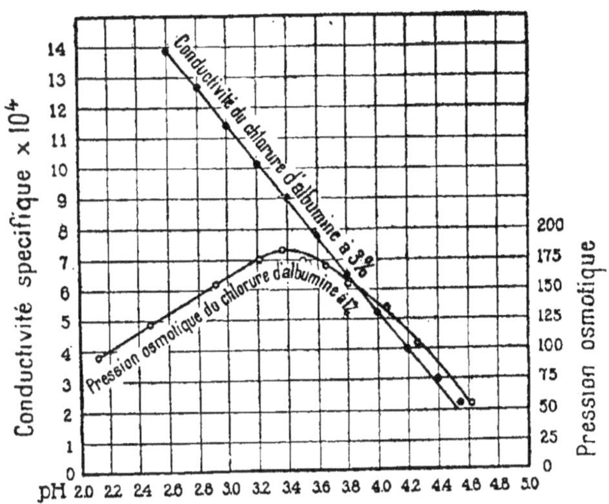

Fig. 52. — Comparaison des courbes de conductivité et de pression
osmotique pour le chlorure d'albumine. On voit le caractère
entièrement différent de ces deux courbes.

osmotique, de viscosité, ou de gonflement du
chlorure de gélatine ont un maximum environ
deux fois plus élevé que celui du sulfate, et que
la courbe de l'oxalate n'est guère moins élevée
que celle du chlorure. Pour que ce phénomène
pût être expliqué au moyen de la théorie de
Pauli, il serait nécessaire de montrer que la conductivité du chlorure de gélatine est presque la
même que celle de l'oxalate et beaucoup plus éle-

vée que celle du sulfate. La figure 51 qui représente les mesures de conductivité de ces trois
sels de gélatine montre que la conductivité du
sulfate n'est que de peu inférieure à celle du
chlorure de gélatine et un peu plus élevée que
celle de l'oxalate.

La théorie de l'hydratation de Pauli repose,
comme on l'a dit plus haut, sur l'hypothèse faite
par Kohlrausch, que la différence des mobilités
des ions est due à ce que des molécules d'eau
sont attachées à l'ion qui se déplace. Lorenz[1],
Born[2], ainsi que d'autres auteurs sont arrivés à
cette conclusion que l'hypothèse de Kohlrausch
est probablement correcte pour les ions mono-
atomiques, mais ne peut l'être pour les gros ions
polyatomiques. Cela empêcherait d'admettre
l'hypothèse du degré d'hydratation élevé des
ions des protéines sur laquelle repose la théorie
de Pauli. Il est donc tout à fait évident que la
théorie de Pauli ne peut expliquer comment les
électrolytes abaissent la valeur des propriétés
physiques des protéines. On peut fournir, de cette
influence des électrolytes sur les propriétés colloïdales des solutions de protéine, une explication mathématique et quantitative, en prenant
pour base la théorie des équilibres de membrane
de Donnan. On trouvera dans le volume qui traite
de la théorie des propriétés colloïdales la preuve
de cette affirmation.

1. Lorenz (R.), *Z. Electrochem.*, t. XXVI, p. 424, 1920, « Raumer-
füllung und Ionenbeweglichkeit », Leipzig, 1922.

2. Born (M.), *Z. Electrochem.*, t. XXVI, p. 401, 1920.

TABLE DES MATIÈRES

———

CHAPITRE IV

Preuve quantitative de l'exactitude du point de vue chimique.   75

CHAPITRE V

Charges électriques et stabilité des suspensions et des émulsions.   113

CHAPITRE VI

Caractère cristalloïde des solutions de certaines protéines naturelles dans l'eau.   141

CHAPITRE VII

Loi de valence et séries d'Hofmeister.   158

CHAPITRE VIII

Action des sels neutres sur les propriétés physiques des protéines — 192

CHAPITRE IX

Inexactitude des théories actuelles des propriétés colloïdales — 229